中国古代天文知识丛书

中国古代天文历法

ZHONGGUOGUDAI TIANWENLIFA

陈久金 著

青海人民出版社

图书在版编目(CIP)数据

中国古代天文历法 / 陈久金著. --西宁：青海人民出版社，2021.8(2023.2 重印)
(中国古代天文知识丛书)
ISBN 978-7-225-06196-2

Ⅰ. ①中… Ⅱ. ①陈… Ⅲ. ①古历法—中国—普及读物 Ⅳ. ①P194.3-49

中国版本图书馆 CIP 数据核字(2021)第 155680 号

中国古代天文知识丛书

中国古代天文历法

陈久金 著

出 版 人　樊原成
出版发行　青海人民出版社有限责任公司
西宁市五四西路 71 号　邮政编码:810023　电话:(0971)6143426(总编室)
发行热线　(0971)6143516/6137730
网　　址　http://www.qhrmcbs.com
印　　刷　青海西宁西盛印务有限责任公司
经　　销　新华书店
开　　本　890mm×1240mm　1/32
印　　张　6.5
字　　数　105 千
版　　次　2022 年 1 月第 1 版　2023 年 2 月第 3 次印刷
书　　号　ISBN 978-7-225-06196-2
定　　价　32.00 元

总　序

现在奉献在读者面前的这套丛书，是中国著名天文学史专家陈久金先生积60余年辛勤耕耘的精华集成，它覆盖了天文学史的方方面面。丛书在青海人民出版社即将付梓之际，陈先生委托我为之写序，作为后学晚辈，本不敢承当，但蒙先生厚爱，只好恭敬不如从命，不能为原著增辉，只愿能为弘扬陈先生的治学精神尽一点力量。

与人聊天时，一提到我们是学“天文”的，时常对方眼睛里就流露出了异样的光芒，这是因为在人们眼里，天文学研究的对象看得见却摸不着，是很神秘的。至于再提到我们是学“古天文”的，对方眼中的光芒就更异样了，这是因为“古天文”在人们眼中更加神秘，连带它的研究者都会带上神秘的光环。其实，我们这些研究天文、古天文的人，也都是普通的人，无论天文，还是古天文，都是常人也能掌握的学问。读者如果有心一窥或踏入中国古天文的殿堂，陈久金先生的这套丛书，就藏有解密的钥匙，可以引领我们打开登堂入室的大门。

无论东方还是西方，天文学都是一门历史非常悠久的学科。中国则更特别，中国不但是世界上天文学发展最早的国家之一，而且在上千年前就形成了一套与西方民族完全不同的体系。这套体系完整而独特，以其鲜明的内容和形式独立于世界民族之林，它以历法和天象观测为中心，统称“历象之学”，为世界文明做出了重要贡献。

天文学史专家席泽宗院士说过：“中国古代是无‘天’不成书，《尚书》一开头就讲天文，各种类书的分类第一项大都是天文，二十四史基本都有《天文志》。”这是为什么？这是因为，天文学在中国历史上有着极特殊的地位。在中国古代“天人合一”哲学思想的统领下，历象之学不但是一门与农业生产、日常生活密切相关的学问，也是国家机器的一部分，在政治、军事、礼仪系统上都起着举足轻重的作用，几乎渗透到社会生活的各个方面。这套丛书，从观象授时到历法的制定，从星名的来历到星占的故事，从考古发现到天象记录，讲述的就是中国古天文的这些特别之处。

在现代社会，随着社会结构的变迁和科学技术的发展，很多传统的东西都被我们置之不理了，其实，中华文明有许多优秀传统是需要我们继承和发扬的。研习中国古代天文学时，我们可以体会到，古人的“天人合一”思想，包含有“人是自然的一部分”“人与自然平衡共存”等合理的内核，如果吸取其中的精华，对未来社会人类重建与大自然的和谐关系，甚至建立内心的和谐都有重要的帮助。今人研究古天文，除了吸取其中对现代天文学有帮助的部分外，一个重要作用就是发挥其文化功能，而陈先生的这套丛书也贯穿了这种思想。

陈久金先生 1939 年生于江苏金坛，1959 年考入南京大学天文系，毕业后一直在中国科学院自然科学史研究所从事古天文历法的研究工作。他治学的格局和目标都非常高，态度严谨求实，视野开阔，见识超前，而且支持和容纳不同的学术观点。60 余年来，他以超出常人的专注精神刻苦研究，笔耕不辍，取得了学究天人的一系列重要成果，特别是在中国星座起源、少数民族天文历法等领域的研究尤为精深，具有填补空白、开辟新领域的重要贡献，在学术界倍受重视。陈久金先生是当代科技史界当之无愧的名家和代表人物之一。

我与陈先生是1998年认识的，那时我还是天文学史领域的一名新兵，先生平易近人，经常对我亲切指导，所以我一直把先生当作自己的老师看待，在读到陈先生的《星象解码》后，推崇备至，在征得先生同意后，还以此书为底本，写出了普及本《天上人间——中国星座故事》。另外，陈先生写的关于中国古代天文历法的普及著作、关于二十八宿研究成果的著作等，都写得有声有色，既有很高的学术价值，又有很强的可读性，做到了雅俗共赏。陈先生退休后仍然推出一部又一部高水平的著作，年过八旬，仍然对学术孜孜以求，这种态度实在令人敬佩。遗憾的是，他的那几本书的第一版印量都比较小，只有在大图书馆中才能找到，在书店甚至旧书网上都难以寻觅了。现在对中国古天文感兴趣的人越来越多了，因此，我听说青海人民出版社要以丛书的形式将陈先生的这几项成果重新结集出版，感到非常高兴，非常愿意向广大读者引荐这套新的版本。

把系列的著作以丛书的形式出版，比起单册的简史、专论，会显得更加厚重精深，这也是该套书追求的目标。《中国古代二十八宿》围绕中国星座的核心——二十八宿的话题展开，从二十八宿的起源，到星名含义和功能，到星占故事，娓娓道来，引人入胜，特别是二十八宿的起源和流变、星座命名等内容，很多是先生多年研究的成果，读来令人耳目一新，受益匪浅；《中国古代天文历法》的主要目标则是深入浅出地介绍中国古代天文学的全貌，既可以是初学者的入门书，也可以供研究者阅读参考；至于《中国古代星空解码》更是一部奇书，作者积几十年的研究，以齐全的资料，缜密的思考，对中国星座的起源、功能、文化内涵及星名由来等都作了深入的探讨，是学界揭示中国星座深厚文化内涵的第一部著作，内容博大精深，含有独到的见解和深厚的学术底蕴，书中还结合星名引用了近百个神话故事，对中国星名的含义和来历作了详细的分析。这是一部帮助读者认识中国星座的很好的入门书，也能给天文学史研究者、历史研究者提供新的视角。

总之，这套丛书的出版，会把中国古代天文学的普及向前推进一步，将增加人们对祖国天文文化的深入了解，对中国传统科技、传统文化的研究和弘扬也会有所促进。也相信，它会为增强我们中华民族的文化自信，做出应有的贡献。

北京天文馆研究员

原中国古天文联合研究中心副主任

王玉民

目录

第一章

写在前面的话

天文学的理论框架并不是近几百年才构造起来的。天文学不是新开拓的学科，它的渊源可以追溯到人类的上古时期，它是古代天文学的延续。我们从现代天文学的基本概念中很容易发现这些痕迹。

诚然，现代天文学主要继承了古希腊的天文学体系，但作为人类同样宝贵的文化财富，中国古代天文学也闪烁着智慧的光辉。而且越来越多的事实表明，研究中国古代天文学有着重大的现实意义。

天文学是中国古代文明的一部分，即使是一个普通的中国人，也应该对它有一个大致的了解。本书在介绍它的基本内容之前，先简述其发展过程。

一、早期天文学

也许在文字产生以前，人们就知道利用植物的生长和动物的行踪情况来判断季节，这是早期农业生产所必备的知识。任何一个民族，其发展的最初阶段都要经历物候授时过程，甚至到 20 世纪 50 年代，中国一些少数民族地区还通行这种习俗。

物候虽然与太阳运动有关，但由于气候的变幻莫测，不同年份相同的物候特征常常错位几天或者十几天，比起后来的观象授时要粗糙多了。观象授时，即以星象定季节。《尚书・尧典》描述：远古的人们以日出正东和初昏时鸟星（长蛇座 α）位于南方子午线标志仲春，以太阳最高和初昏时大火（天蝎座 α）位于南方子午线标志仲夏，以日落正西和初昏时虚星（宝瓶座 β）位于南方子午线标志仲秋，以太阳最低和初昏时昴（mǎo）星（金牛座 η）位于南方子午线标志仲冬。

物候授时与观象授时都属于被动授时，当人们对天文规律有更多的了解，尤其是掌握了回归年长度以后，就能够预先推断季节，历法便应运而生了。夏商时期肯定已有历法，只是因为文字记载罕有，其内容还处于研究之中。春秋战国时期，流行过黄帝、颛顼、夏、商、周、鲁等六种历法，是当时各诸侯国借用古名颁布的历法。它们的回归年长度都是 $365\frac{1}{4}$日，但历元不同，岁首有异。

春秋战国 500 年间（公元前 770—前 221 年），政权更迭频繁，星占家们各事其主，大行其道，引起了王侯对恒星观测的重视。中国古代天文学从而形成了历法和天文两条主线。

二、发展与完善

西汉到唐代是中国古代天文学的发展、完善时期。从《太初历》到《符天历》，中国历法在编排日历以外，又增添了节气、朔望、置闰、交食和计时等多项专门内容，体系愈加完善，数据愈加精密，并不断发明新的观测手段和计算方法。比如，后秦时的姜岌，以月食位置来准确地推算太阳位置。隋朝刘焯在《皇极历》中，用等间距二次差内插法来处理日、月运动的不均匀性。唐代一行的《大衍历》，显示了中国古代历法已完全成熟，它记载在《新唐书・历志》中，按内容分为七篇，其结构被后世历法所效仿。

西汉落下闳以后，浑仪的功能随着环的增加而增加，到唐代李淳风时，已能用一架浑仪同时测出天体的赤道坐标、黄道坐标和白道坐标。天文仪器是测定历法所需数据和检验历法优劣的工具，它的改良也促进了天文观测的进步，岁差和日月行星不均匀性等被发现并先后引入历法计算。除了不断提高恒星位置测量精度外，天文官员们还特别留心记录奇异天象发生的位置和时间，其实后者才是朝廷帝王更为关心的内容。这个传统成为中国古代天文学的一大特色。

中国古代三种主要的宇宙观，起源于春秋战国的百家争鸣。秦以后的 1000 多年中，在它们的基础上又派生出许多支系，后来浑天说以其解释天象的优势，取代了盖天说而上升为主导观念。

三、鼎盛时期

宋代和元代为中国天文学的鼎盛时期。这期间历法有以下特点：

颁行的历法最多，达 25 部。它们各有特色，其中郭守敬等人编制的《授时历》性能最优，连续使用了 360 多年，达到中国历法的巅峰。

数据最精：许多历法的回归年长度和朔望月值已与现代理论值相差无几，在世界处于领先地位。

大型仪器最多：宋代拥有水运仪象台和四座大型浑仪，元代郭守敬还创制了简仪和高表。其中苏颂的水运仪象台，集观测、演示、报时于一身，是当时世界上最优秀的天文仪器。

恒星观测最勤：特别是从公元 1010 年到公元 1106 年的 96 年中，就先后组织了五次大型恒星位置测量，平均不到 20 年一次。

宋元的天文成就与这期间的政权稳定和经济繁荣有着密切的关系。

四、停滞时期

进入明代和清代后，天文学就开始停滞不前。元代的《授时历》在明代又继续使用了 270 多年，直到清初采纳了欧洲耶稣会传教士所编制的《西洋新法历书》为止。

中国天文学为什么没能继续发展呢？有经济、政策等社会原因，也有天文学本身的原因。首先，元代的天文仪器已能达到肉眼测量的极限，除非再增加凸凹镜片，否则精度不会提高，而望远镜技术是在欧洲诞生的。其次，中国古代擅长代数计算，在解决天体位置与推算值弥合问题上，只注意表象，不注意几何结构和理论依据。相反，古希腊天文学是侧重几何学的。中国从14世纪以后与欧洲科学水平差距越来越大，不能不令人痛心。虽然做这种反思是痛苦的，但却有助于我们对今天的思考。

人们通常把最难懂的书称为“天书”，中国古代有关天文历法的书籍就是真正的天书。从下一章起，我们拟用最通俗的语言将“天书”剖析给读者，必要时采用现代天文学基本常识与古代天文学对比叙述的方法，并省去一些不太重要的枝节和某些复杂运算。

大家知道，天文历法知识的产生离不开天文观测，进行观测当然要有观测仪器，而介绍仪器又不能不提及仪器的坐标系统，所以我们先从仪器的坐标系统谈起。

第二章

独特的天文坐标系统

了解现代天文常识的读者都知道，恒星或疏或密或远或近分布于整个天空。由于人的目力所限，感觉不出恒星的远近区别，因而恒星就从它们的实际位置投影到以地球为中心以肉眼极限为半径的球面上。对于只计算天体视觉位置的古代人来说，这种错觉无意中成为一种简化手法。这个假想球面叫作天球。

要确定天体在天球上的位置，必须有两个数据，像平面上的点可以用平面直角坐标系（x，y）或极坐标系（r，θ）表示一样，天体的位置也可以用球面坐标系的两个数据来表示。中国古代有三种球面坐标系统：地平坐标、赤道坐标和黄道坐标，其中地平坐标是产生最早而且最为直观的坐标系统。

一、地平坐标系

以天顶（头顶正上方）和地平圈为基本点圈建立的坐标系叫地平坐标系，两个坐标分量是地平高度和方位（见图 2-1）。

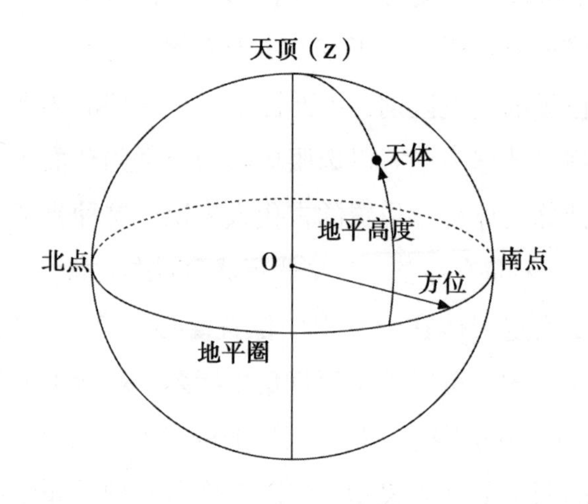

图 2-1　地平坐标系

地平高度是指天体沿着垂直于地平经圈的大圆到地平的角距离，地平为计算起点。中国古代有很长一段时间用丈、尺、寸等长度单位来表示天体的高度，一寸大致相当于一度。直到宋代以后，才改用“度”单位。

方位就是方向，可在地平经圈上标示。在方位概念产生的最初阶段，只有东、南、西、北四个方向，分别用卯、午、酉、子表示。到汉代时，增加到 12 个方向，各以十二支命名。后来，出于提高测量精度的需要，又用四维、八干、十二支来表示 24 个方向，其中四维是艮、巽、坤、乾，分别表示东北、东南、西南、西北。八干是甲、乙、丙、丁、庚、辛、壬、癸。十二支是子、丑、寅、卯、辰、巳、午、未、申、酉、戌、亥（见图 2-2）。显而易见，方位只是一个区域概念，以“子”为例，在正北左右各 7.5° 的范围内都称

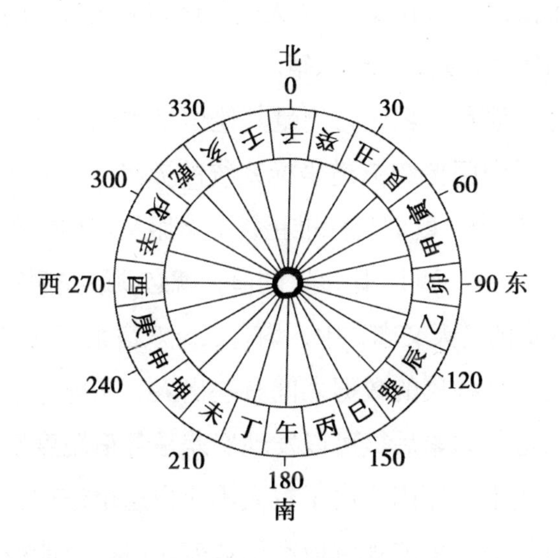

图 2-2　二十四方位图

为子方位。《周髀算经》可作为例外，因为书中使用了与现代地平经度相仿的量度方法。除此以外，中国地平坐标系统的方位分量也不存在量度的起始点问题。

二、赤道坐标系

天文上的赤道并非地球赤道，它是地球赤道平面向外延伸与天球相交形成的大圆环，叫作天赤道。中国古代天文学家把包括天赤道在内的范围较宽的一条恒星带由西往东分成 28 个天区，这些天区有专门的术语，叫作宿，共计二十八宿。

每宿都有一颗作为测量其他恒星的标准星，叫距星，所以中国传统赤道坐标系统的赤经起算点不是 1 个而是 28 个。既然是标准星，那么距星与相邻距星的赤经差，古代又叫“距度”的值，就必须最先测定。在二十四史的《天文志》中，均有二十八宿距度测定值的记载，只是各代的数据之间有些出入。在排除了测量精度改进的因素后，可以发现岁差是各宿距度发生单向变化的根本原因。由于古人不明白这个道理，当发现原有记录与新的观测值有明显差距时，只能被动地改换新的标准值。

在望远镜发明以前，古代人当然是凭肉眼进行观测，所以他们挑选的距星大多是明亮醒目的，如角宿距星为室女座 α（中文名角宿一），箕宿距星为人马座 γ（中文名箕宿一），觜宿距星为猎户座 λ（中文名觜宿一）。

在中国赤道坐标系中，天体的位置用去极度和入宿度这两个赤道坐标分量表示。去极度是指天体到北天极的角距离，入宿度则指天体与它西侧第一颗距星之间的赤经差（见图 2-3）。例如，古书中有织女星（天琴座 α）入斗五度记载，意思是，织女星在斗宿天区内，与斗宿距星（人马座 φ 星）的赤经差为 5 度。

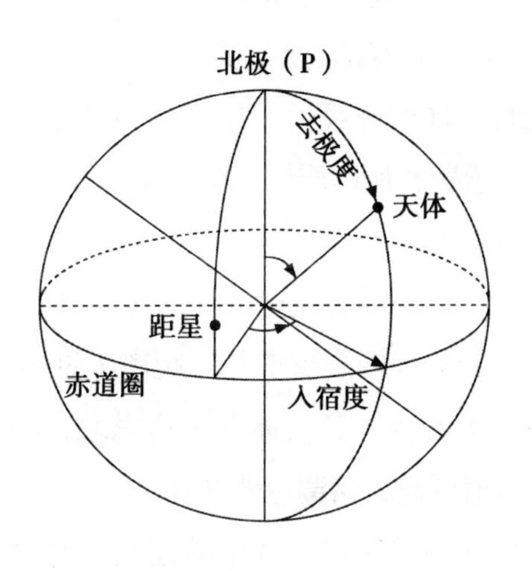

图 2-3　赤道坐标系

三、黄道坐标系

太阳每天除了东升西落外，还在恒星背景上向东移动大约 1° 的角距离，因而一年差不多移动一圈，太阳在天球上的周年视运动轨道就称为黄道。黄道与赤道不在同一平面上，而是大致斜交成 23.5° 的夹角。黄道坐标系以黄道为基本圈，天体的位置可用黄经和黄纬两坐标分量来表示。

中国黄道坐标系中的黄经概念与现代天文学上的有所不同：中国黄经的起算点是二十八宿距星而并非春分点，而且天体的黄经值是指它与距星之间的赤经差在黄道上的投影，所以严格地说，应该称这个量为“似黄经”比较妥当。

与“似黄经”相配，还有一个“似黄纬”。“似黄纬”是指天体沿着赤经圈到黄道的角距离（见图 2-4）。测量时以黄道为起点，若天体在黄道以北，叫黄道内某度，若在黄道以南，叫黄道外某度。

黄道坐标系易于表示太阳的运动。月亮和行星的运动轨道虽然不与黄道重合，但相交角度很小，所以这三者的运动用黄道坐标表示比用赤道坐标更方便。

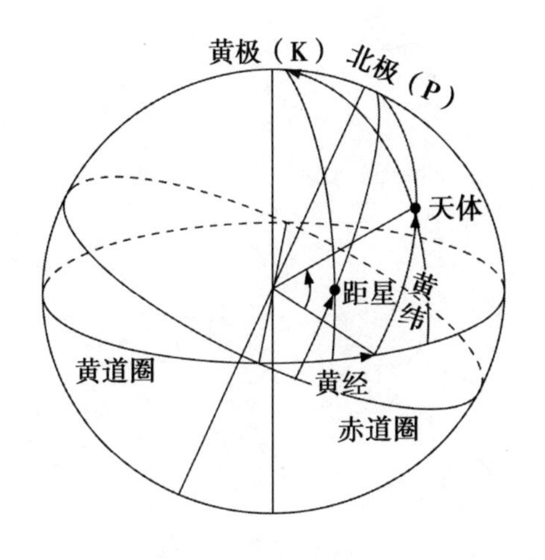

图 2-4　黄道坐标系

而由于地球的自转，所有天体都参与周日视运动，其运动轨迹与天赤道平行，所以在一般情况下中国古代更偏重于使用赤道坐标系。

第三章 精密的天文仪器

天文仪器是人们研究天体运动规律的得力工具，它的改良与创新直接影响观测水平的提高。

中国古代天文仪器综合起来可分为三种类型：第一类为表，第二类为观测仪器，第三类则为计时仪器。由于表兼有多种功能，所以有必要单独予以介绍。

一、表

每个物体在阳光的照耀下会投射出影子，并且随着太阳在天空中的移动，影子的方向和长短都在不断地变化。

古人通过长期的观察与积累，发现这种变化包含了两个周期：一个是以一昼夜为单位的短周期；一个是以春夏秋冬为单位，与开花结果等物候现象合拍的长周期。大约在4000多年前，出现了迄今为止所知道的最古老的天文仪器——表。表的产生，便于更准确地判断影子的方向和长短。显然这个表不是指钟表、仪表的表，但是前者和后者之间确实存在着必然的联系。

表，就是直立于地面的竿子。太阳下，有竿便有影，这大概就是“立竿见影”这个成语的原始含义。古书中的竿、槷（niè）、臬、髀、碑、椑（bēi）等词，都是表的其他名称。

表的结构虽然简单，功能却不少。表的最初用途是确定方向。太阳并不是每天都从正东方升起正西方落下。以北京地区（地理纬度40° 00′）为例，冬至日的时候，太阳于东偏南31°左右升起，于西偏南31°左右落下，远离东点西点。每年只有在3月21日（春分日）和9月23日（秋分日）前后，才可以说太阳真正是“东升西落”。那么凭表影怎样来确定方向呢？古代以表立处为圆心作一个任意圆，然后连接日出日没时表影与圆周相交的两点，便得到正东正西方向，并由东西而知南北（见图3-1）。为了提高测量精度，也可多划几个任意圆，取多次平均值。不过，日出日没时的表影常常比较模糊，即使多次测量，也难免会有较大误差。如果采用上午或下午两次等长的表影，取其端点的连线，一样可获知东西方向。元代天文学家郭

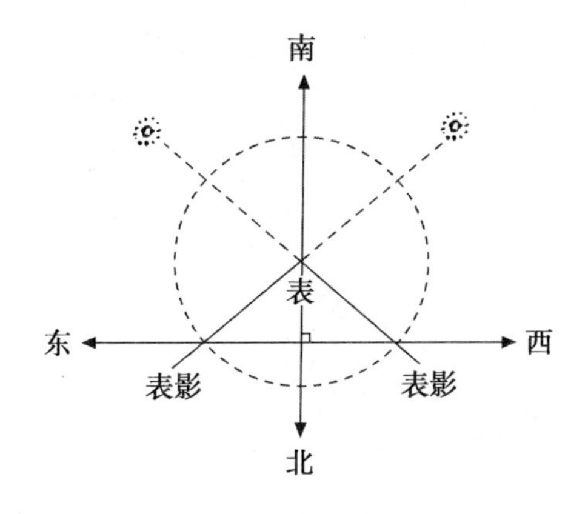

图 3-1　利用表来判断方向

守敬的定向仪器“正方案”正是利用这一原理设计的。

除了确定方位外，表还有两个重要功能：其一是利用一天中表影方向的变化来判断时刻；其二是利用一年中正午表影长短的变化来判断冬至日和夏至日。第一个功能的再延伸，表再加上一个刻有放射状时刻线的圆形石盘，就演变成了日晷。而第二个功能发展的结果，又导致了圭表的产生，圭表是中国古代必不可少的天文仪器之一。本章重点介绍圭表，日晷留待计时仪器部分讲述。

在冬天，太阳光比夏天时更倾斜，因而表影相对夏天更长，换句话说，正午时的表影最长或最短的那一天，太阳恰好处于最南或最北的极限位置。这两天分别叫做冬至日和夏至日（见图 3-2）。经验告诉人们，

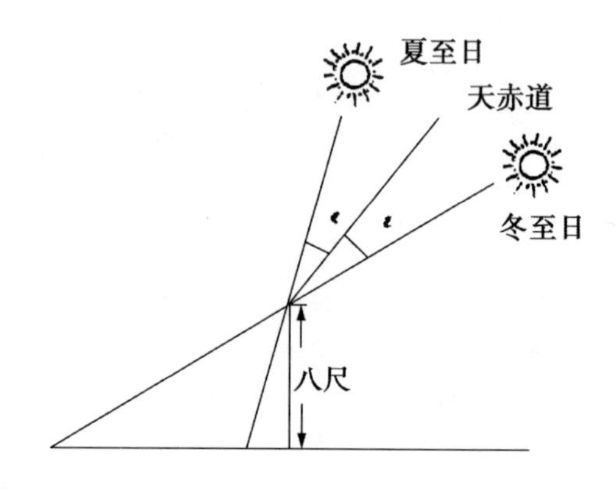

图 3-2　利用表来判断冬至和夏至

当太阳离开最南端，夏至日开始向北方移动时，天气逐渐变暖，万物陆续复苏，意味着饥荒将要过去。同样地，当太阳离开最北端，开始向南方移动时，天气逐渐变冷，万物陆续凋零，意味着要赶紧贮存过冬食品，所以冬至日和夏至日在古人心目中显得尤为重要，通过表影来测算冬至日和夏至日就成为中国古代天文中最基本的内容之一。

中国绝大部分地区的纬度高于北回归线（即23.5°），正午时的表影总是在表的正北方向。把一块有刻度的平板，紧接表基处朝北水平放置，便可直接读出正午时表影的长度。本来“圭”字，仅指片状玉器，由于圭曾作为测量土地的标准尺子广泛使用过，后来转而把测量影长的工具也叫做圭，圭和表的结合就称为圭表（见图 3-3）。

图 3-3　圭表

表身是否垂直，圭面是否水平，都会影响表影的长度，所以汉代时人们就知道，借助悬物来校正表的垂直，借助水槽来校正圭的水平。另外，为了克服光线漫射引起的表影端线模糊不清给测量造成的困难，沈括于北宋熙宁七年（公元 1074 年）提出了两项改进：一是将圭表置于一个仅顶部有一条缝隙的密室，由于密室内尘埃较少，射入的日光又较细窄，可削弱漫射的影响。明、清两代都采纳了沈括的建议，据说，现存北京古观象台的叫作“晷影堂”的房舍，就是当年的密室。二是在表影中再立一个副表，副表较短，观测时，使两表影端重合，增加其浓度，便于更准确地测量影长。

元代郭守敬对圭表做出了重大的改进。首先他创立了高表，传统表长为八尺，而郭守敬的高表高到 40 尺，显示了他对误差的正确理解。因为现代误差理论认为：相同的测量误差对较长的表影来说，所占比例较小，影响因而较小。后人追循郭守敬，争先设立高表。明代邢云路曾竖立起 60 尺高的木表，即使不是世界之最，也可算作中国之最了。邢云路的这一措施确实有效，他所测定回归年长度为 365.242 19 日，是当时世界上最精密的数据，每年的误差仅为 2.3 秒。郭守敬发明的景符，利用光学中小孔成像的原理，使影长测量准确到两毫米之内。

二、观测仪器

圭表是研究太阳方位的装置。另有一类仪器可用于研究恒星、行星包括太阳、月亮在内的几乎所有天体的运动规律，这就是“仪”和“象”。“仪”是指测量天体位置的仪器，“象”是指演示天体视运动的仪器，合称为仪象。浑天学说是中国古代占统治地位的宇宙观，浑仪和浑象是解释浑天学说的观测仪器。

（一）浑仪

据推测，浑仪的起源早于西汉。不过，就我们现在所知，直到《隋书·天文志》才第一次记载了浑仪的详细结构，原物早已不存，设计者为前赵人孔挺。孔挺浑仪由四环一管组成：赤道环平行于天赤道，地平环平行于地平面，子午环连接南北天极，这三个环都是固定的。四游环，相当于赤经环，是活动的，可绕贯通南北天极的极轴旋转。与四游环共面的是一个供观测用的方柱形管子，叫“衡”，又叫“窥管”，窥管也是活动的，可绕四游环圆心旋转。结构原理十分清楚，窥管可以同时参与两种互相垂直的运动，赤经方向和赤纬方向，说明窥管能够对准天球上任何一个位置的天体。因此，天体的去极度能从四游环上直接读出，天体的入宿度等于天体和它西边第一颗距星的赤经差。除了赤道坐标，孔挺浑仪还备有地平坐标系统。需要说明的是，赤道环上的刻度不是现代的 360 等分，而是 365.25，即 365 格再加上 1/4 格。这种不整分的传统，曾令很多人奇怪和不解，其实这是有来历的。古代天文学家用圭表测量冬至时刻到下一个冬至时刻的间隔，连续记录几年，取其平均，就得到回归年长度（古称岁实）。春秋战国时期确定的回归年长度正是365.25日，如果按此数划分圆周，太阳便一天移动一格，一年正好转一整圈，可见其用意在此。秦以后，直到西方天文学传入以前，赤道环周等于365.25度就作为传统保留了下来，尽管后来回归年的长度不断改进，不断精确。本书为了区别于中国传统的“度”，凡遇西制角度单位“°”时，一律不用“度”表示。

唐代天文学家李淳风于贞观初年设计制作了一架更复杂的浑仪，名曰浑天黄道仪。浑天黄道仪的外层有地平环、子午环和赤道环，均固连在仪器的基座上，叫六合仪。内层是四游环和窥管，叫四游仪。中间一层还有三个环——黄道环、赤道环和白道环，是李淳风自己的创造。古代日、月、星统称三辰，故名三辰仪。四游仪可在三辰仪内旋转，三辰仪又可在六合仪内旋转，整个仪器多达七个环，同时具备赤道、黄道、地平三套坐标系统。浑天黄道仪的主要优点在于：(1)可直接读出天体的入宿度，而不必再减去距星的赤道读数；(2)首次将月亮轨道（白道）和太阳轨道（黄道）区分开来，可直接测量月亮在白道上的位置。虽然浑天黄道仪一直闲置宫中未投入使用，却以其功能齐备而成为后世的典范。

北宋时期的浑仪数量多、工艺精，并刻意提高观测精度。比如改进窥管、校正极轴及注意仪器的安装等，带动宋代的天文研究达到一个空前的高水平。因为环与环重叠交错，给窥管造成许多盲点，又因为月亮的位置可通过赤道坐标或黄道坐标读出，故宋代浑仪大多取消了白道环，精简了结构。宋室南迁后，北宋的精良仪器都被金人移往燕京（今北京）。明初时幸存的几件连同其他元代天文仪器又移往应天府（今南京）。后来，明成祖迁都时，按 1∶1 比例复制了全套。现在，南京紫金山天文台上还完好地保存着一件于明正统四年（公元 1439 年）仿制的宋代浑仪（见图 3-4），

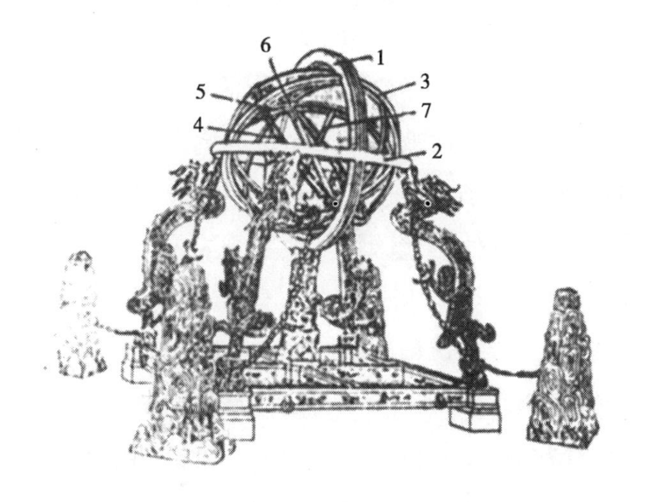

1. 天元子午圈　2. 地平圈　3. 天常赤道圈

4. 三辰仪　5. 四游仪　6. 天轴　7. 窥管

图 3-4　明代浑仪图解

原宋代浑仪已毁。

若想增加浑仪的观测功能，就需要适当地添环，然而环数太多，又给观测带来许多不便，顾此失彼，这是一对不好解决的矛盾。李淳风以后，历代浑仪制造家做了很多尝试，或减环，或移位，或替代，却始终没有得到最满意的构思。

直到元代至元十三年（公元 1276 年），郭守敬设计出了简仪，才把浑仪从繁复的环套环结构中解放出来。简仪，实际上是由两套独立仪器组成，即赤道经纬仪和地平经纬仪。赤道经纬仪不但放弃了白道环，也放弃了黄道环，只保留了原浑仪中的赤道环、地平环和四游环，并且赤道环和地平环不再充当支撑四游环的外层结构，而被移至四游环的南端，这样在四游环的上方，除了北天极附近有个用于校正极轴的候极环外，没有其他的遮蔽物。地平经纬仪，当时又叫立运仪，包括阴纬环和立运环。阴纬环相当于地平环，固定不动。立运环相当于四游环，可绕垂直于阴纬环并通过其中心的轴旋转。立运仪是中国第一架能同时测量方位和地平高度的天文仪器。过去的浑仪，虽然附设地平环，但都缺少能以天顶为轴旋转的环，而没有这种环，就无法指示地平坐标。简仪的另一个成就是提高了刻度划分的精度。元以前，仪器的最小刻度为 1/4 度，简仪却是 1/10 度，估读可达 1/20 度。

原制简仪被毁于清初，现存只有明正统四年（公元 1439 年）的仿制品，也在南京紫金山天文台（见图 3-5）。在简仪的下方，本来应该安装郭守敬设计的用于校正方向的正方案，仿制品把它改装成了日晷。

图 3-5 简仪

郭守敬在仪器上的又一项创造是仰仪。仰仪专门用来测量太阳的赤经赤纬。浑仪不能直接测量太阳的位置，因为刺眼的阳光使窥管很难对准日面中心。仰仪的结构比较简单，一个开口向上的铜制中空半球，内侧刻有赤道坐标网，通过小孔使太阳成像于内侧，太阳的赤经赤纬便一目了然。仰仪的外貌有别于中国传统的天文仪器，显得独具一格。

总的来说，浑仪的设计水平在郭守敬时代已经到达巅峰，无论是布局的合理性还是细节的完善化均是如此，郭守敬之后，再无超越。

（二）浑象

浑象的基本结构是一个球体，球面上标出全天可见的恒星、地平圈、黄道圈和赤道圈等。作为演示仪器，球体可绕连接南极北极的极轴旋转，还有太阳、月亮和金、木、水、火、土五行星的活动标志，可方便地移动位置以模拟实际天象。浑象相当于现在的天球仪。

对于天文学家来说，浑象主要还用于黄道度数与赤道度数的换算。在现代天文学中，球面三角学可轻易地解决不同坐标系的换算问题。但在数学并不发达的古代，只好采取比较笨拙的方式：用赤经图把赤道圈和黄道圈划分成若干个弧段，然后相同赤经的黄、赤弧段对照比量，两两相减，可列出一个差值表，再利用内插法求出连续差值表。也就是说，不管是黄道度数化成赤道度数，还是赤道度数化成黄道度数，查连续黄赤差值表，或加或减，即为所求。

东汉天文学家张衡，为了证明他的宇宙观（即浑天说）的正确性，曾经设计制造了一架浑象，叫作漏水转浑天仪。该仪器以漏壶流水为动力，通过齿轮系统，带动浑象均匀地旋转。经过调整校对，可使其正好一天转一周，自动地吻合天象。

漏水转浑天仪对后世的仪象设计影响很大，唐、宋很多的天文学家都为完善张衡的工作做出了贡献。其中，最值得一提的是北宋苏颂、韩公廉制造的元祐浑天仪象，又称水运仪象台。仪象台包括浑仪、浑象和报时系统三部分，分别置于三层木结构建筑的顶部、中部和底部，像一座小型天文台。三个部分共用一套传动装置和漏壶组，运转时能够保持与天体周日视运动同步。令人叫绝的报时系统，不但逢辰打钟，遇刻击鼓，还有一个木人在夜间按更击钲，毫无疑问，其结构十分复杂。研究发现，报时系统中有类似擒纵器的机构，擒纵器是近代机械钟表的重要部件。水运仪象台建成之后，苏颂写了一部仪器说明书《新仪象法要》，详尽记述了各部件的形制、尺寸、材料及其整体构联方式，特别是书中附有大量的机械图，使后代读者能够窥探其中的细节奥秘。

苏颂和韩公廉还制造过一架可在内部观看的浑象。据宋代王应麟的《玉海》记载：浑象为中空球壳，直径超出人的身长，球面上以洞穿的小孔代表恒星，观看人就坐在其中的悬吊椅上。随着球壳自左向右旋转，透过小孔的点点亮光，宛若夜间真实的星空，景象尤为逼真，与现代天文馆里的天象仪有异曲同工之妙（见图 3-6）。

自张衡以后，需要转动的仪器，大都靠漏壶带动，这一点比较好理解，因为在当时的条件下不可能找到比漏壶流水更稳定的动力。只是很自然地产生了一个

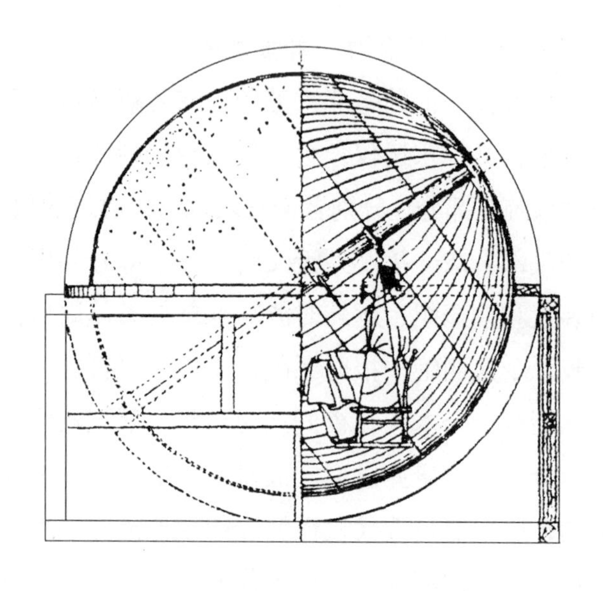

图 3-6　自内向外观的浑象

疑问：仪器的转动是否仅仅依赖于漏壶？我们知道，漏壶的水量很小，所产生的压力也是极有限的，很难想象它能带动钢制的浑象，上述所介绍的苏颂水运仪象台的仪器就更难带动了。《隋书·耿询传》写道：“询创意造浑天，不假人力，以水转之，施于闇（àn）室中。”表明耿询的浑天仪不借助人力而用水推动，这似乎意味着耿询以前的水运浑象不只靠水力，且需人力。然而既有人力，又何需水力，何曰“水运”？古人关于这方面的详情鲜有记叙，我们无从知道真实情况，也许有兴趣的读者愿意去寻找它的答案。

三、计时仪器

太阳每天早晨升起，傍晚落下，表影随之由偏西移到偏东，表影所在的方位可以提示时间，这是不言而喻的。生产的进步，生活节奏的加快，人们要求知道比较准确的时间，于是表就演变成了日晷（见图3-7）。日晷包括一根针和以晷针为圆心的石质晷面，晷面刻有放射状方位线，根据针影与方位线的重合情况，就能知道时间。

图 3-7　日晷

在表过渡到日晷的最初阶段，晷面一般呈水平放置，叫作地平日晷。太阳的地平经度变化是不均匀的，这意味着地平日晷上的方位刻度，若等时就不等分，若等分就不等时。从使用角度看，既不方便，也不准确。赤道日有明显优于地平日晷之处。由于日晷面与天赤道平行，等时刻度线必定均分圆周。晷的两面都有刻度，向南一面用于春分以后，向北一面用于秋分以后。

漏刻是利用水量多少来计量时间的仪器。漏，指漏壶；刻，指刻箭。漏刻是全天候仪器，能弥补日晷的局限，是中国古代重要的计时器。

丰富的史料告诉我们有关漏刻发展的主要过程。漏刻最早只是一把底部有小孔的壶，人们通过壶中剩水来粗估时间。后来，借助一支刻有刻度的箭，立于水中，以水面淹过箭杆的高度计算时间。由于水的表面张力，在箭杆周围，形成一个向上的附着面，给读数带来不便，所以不久以后淹箭漏就让位于沉箭漏。沉箭漏的箭尾要有可浮的物体，如竹片或木片，使箭浮在水面上，箭头穿出壶盖。当箭杆随着水的流失而下降时，其与壶盖平面比齐的刻度，就是当时的时间。很明显，沉箭和淹箭的刻度顺序应该相反。

根据流体力学原理，水流速度与水面高度有关，单纯靠一把漏壶计时，势必影响计时的稳定性。如果不断添水，使漏壶水面不降低，再用一个容器收集漏壶均匀流出的水将可浮箭放于该容器中，观察箭浮起的高度也可以知道时间，这就是浮箭漏。然而，人工添水总存在间隔，添水后，水面高度仍不免有变化。古人意识到这一点，解决的办法也很绝：用另一把漏壶来补充水量，而且为了使这把壶能均匀补水，再加入第三把壶。于是东汉出现了二级漏壶，晋代出现了三级漏壶，唐代出现了四级漏壶。渴乌，就是虹吸管。用渴乌引水，适于任何容器。特制的漏壶不再是必需的，但有渴乌的计时器亦沿用“漏壶”之名。

保持漏壶的水面高度不变，多级漏壶不是唯一的办法。北宋的燕肃另辟蹊径，设计了有分水口的漏壶，叫作莲花漏（见图 3-8）。莲花漏只有两级漏壶，下漏壶侧面有一个分水管，只要上漏壶注入下漏壶的水量超过下漏壶排出的水量，高出分水口的水必然分流，

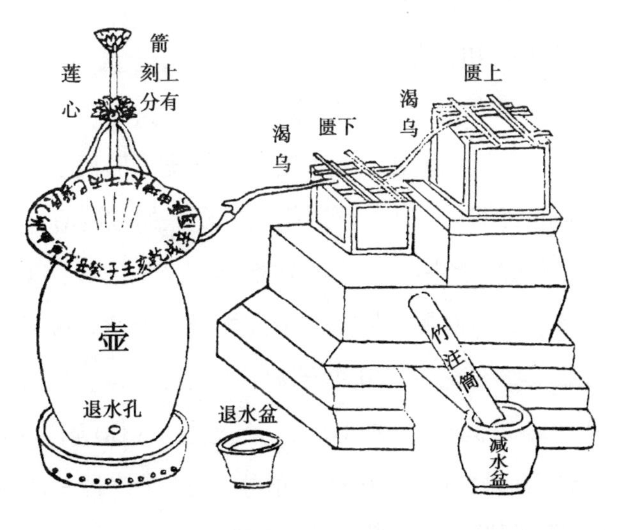

图 3-8　莲花漏

就可以保持下漏壶的水面稳定。

水运浑象既然受漏壶流水的操纵，当然也能够反映时间，水运仪象台就包括报时系统。其实，报时系统完全可以独立出来，不必与其他仪器联动，郭守敬就设计制造过一个称为大明殿灯漏的水力计时器。

在民间，最常用的计时工具是更香。均匀的更香，其长度和燃烧时间成正比。由于空气流动，湿度变化，更香的精度不会太高，但已能满足百姓的生活需要。

在军队中常用一种叫作辊（gǔn）弹的计时工具。其原理大致为：重量相同的铜球，从相同的高度，沿竹管滚下，所需时间相同，若干个铜球交替滚下，以次数计时。辊弹体积不大，便于携带，又不受天气影响，尤其适用于行军打仗。

现在已知，从西汉开始，就实行一天 12 个时辰的制度。每个时辰都有名称，即子、丑、寅、卯、辰、巳、午、未、申、酉、戌、亥十二地支。时辰的实质为时段而非时刻，比如，子时相当于现在的 23：00 到 1：00 之间的两个小时，丑时相当于 1：00 到 3：00，寅时相当于 3：00 到 5：00，依此类推。南北朝以后，每个时辰又细分为初、正两部分，比如，子初指 23：00 到 0：00 之间的一个小时，子正为 0：00 到 1：00，便携式赤道日晷就是按初、正分为 24 个时段，与现今时刻制度不谋而合，“小时”之称也由此而来。

第四章 持续的恒星观测

一、恒星的数目

据统计，在流传至今的先秦著作中，散记着大约200多颗恒星。考虑到它们都不是天文专著，推测当时已命名的恒星应该不止这个数目。司马迁的《史记·天官书》是最早记载星数的专著，包括恒星500多颗。东汉初年写成《汉书·天文志》，又增加了200多颗，达783颗。东汉天文学家张衡获得的星数大大超过了以往所知，共计2500颗。可惜张衡的天文著作所剩无几，他制造的浑象也没有保存下来，所以后人只知他观测的星数，而不知具体的星名和位置。

春秋战国以后，流行占星术，著名的占星家有石申、甘德和巫咸等。这些占星家一般亲自观测，然而出于占星的目的，他们只对一部分星感兴趣，所以哪一家都没有全面地描述过星空。三国时吴国的陈卓，归纳了石申、甘德、巫咸的工作，并同存异，统计出1464颗恒星。这个星数一直沿用到清代，只是个别时候有一两颗的出入。

二、三垣二十八宿

恒星的位置并不“恒定”，只不过因为距离地球非常遥远，它们的位置变化，几百年甚至更长的时间都很难察觉出来。于是，古人在探索太阳、月亮和五大行星的运动规律时，顺理成章地把“恒定”的星空背景作为坐标参照系。

人们要建立这个参照系，必须明确恒星分布的特征。通常是把恒星划分成若干个星群，叫做星官，类似现在所说的星座。每个星官的星数不同，少则一颗，多则几十颗，根据它们组成的形状，被赋予相似物的名称，比如，“杵”三星和“臼”四星，与实物极为相像（见图4-1）。

有了名称的星官易于记忆，但中国的星官的数目太多，陈卓总结的1464颗星就分属于283个星官，仍然不便于辨认，这就需要更高一层次的划分。《史记·天

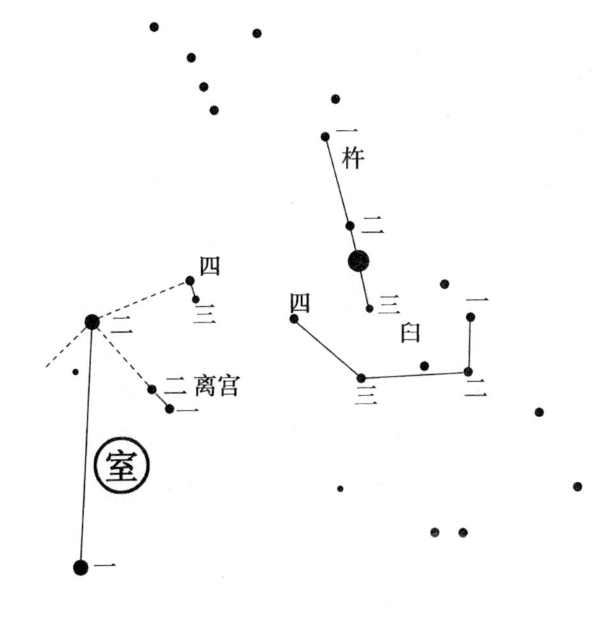

图 4-1 杵和臼

官书》曾把可见星空分成五大天区，叫五宫。中宫是指北极附近的星空，除中宫以外的天空，以春分那一天黄昏时的观测为准，按东、西、南、北分为四宫，每宫又派生出七宿，共二十八宿，所有星官包括在中宫和二十八宿中，成为大单位下的小单位。虽然司马迁以后，星官数、星数都有很大变化，但基本框架已经成形。下面的表格是以陈卓星表统计的：

表 4-1　二十八宿

四象	宫名	宿名	星官数	星数
苍龙	东宫	角亢氐房心尾箕	46	186
玄武	北宫	斗牛女虚危室壁	65	408
白虎	西宫	奎娄胃昴毕觜参	54	297
朱鸟	南宫	井鬼柳星张翼轸	42	245

当太阳出现时，由于地球表面大气的散射作用，它的明亮遮掩住所有的恒星，使人无法判断其位置。古人注意到，月相实质上显示了月亮和太阳的位置关系。比如，满月时，太阳与月亮相对，太阳西面落下的同时，月亮从东面升起；上弦月时，太阳与月亮相差 90°，太阳落下时，月亮应当在头顶上方。观测月亮在恒星中的位置，可以倒推太阳的位置，所以，中国古代很重视研究月亮的运行规律。

二十八宿是怎样形成的？为什么偏是二十八而不是其他的数目？古印度也有过用 28 份划分黄赤道天区的历史，称为 28 个月站。而“宿”字与“月站”具有相同的含义，二十八宿的本义应该是月亮运行中的二十八个宿营地。事实上，月亮的恒星周期为 27.32 日，假设月亮每天走一宿，不能说不符合推测。然而，中国二十八宿的距度值是不等的，大的达 33°，小的只有 1°，这种不等的规定显然有违于月站的含义。不过，在先秦文献中可以发现二十八宿等间距分法的痕迹。究竟是什么导致了二十八宿不等间距的情况，始终是一个谜。

中宫后来又分成三个区，即紫微垣、太微垣和天市垣。垣，就是墙的意思。由于这三个天区都有像围墙一样的星官，所以这样命名。

表4-2 三垣

	天区	星官数	星数
中宫	紫微垣	37	163
	太微垣	20	78
	天市垣	19	87

将全天星空分配于三垣二十八宿，从《史记·天官书》就开始了，但三垣和二十八宿的划分不是一次完成的，直到唐代的天文启蒙读物《丹元子步天歌》，才第一次较全面地以三垣二十八宿概括全天可见星空。

三、恒星的位置

专门记录恒星位置的书叫星表。中国已知最早的星表保存在《开元占经》里。《开元占经》是唐代著作，而它收录的这份星表是战国时的石申及其门徒所测，共有 121 颗星。

恒星位置的测量是中国古代天文学家的常规工作。作为衡量其他恒星的标准恒星，各个星官距星的入宿度和去极度，就成了每次测量的重点。作为天文观测坐标的二十八宿的方位，历代天文学家更重视对它进行精密测定。李淳风在唐代贞观年间（公元 627—649 年）的观测，发现了二十八宿的距度值与前代不同，但出于某种顾虑，他仍然使用汉代太初历的数据。100 多年后，一行遇到同样的问题，他没有怀疑自己的测量结果，果断地采用了新数据。北宋皇祐年间（公元 1049—1054 年）的观测，记录下 345 个星官距星的入宿度和去极度，是清初西方星表引入以前现存星数最多的星表。北宋姚舜辅为了编纂《纪元历》，于崇宁年间（公元 1102—1106 年）进行了一次观测，这次观测精度很高，测量误差只有 0.15°，二十八宿距度被再次更新。元代郭守敬既精于仪器制造又精于天体测量，他的观测精度较之姚舜辅又提高了一步：二十八宿距度的平均测量误差小于 0.1°。

陈卓之后，各代天文学家对 1464 颗星以外的其他星都不予重视，而郭守敬对这些无名星进行了系统的观测，并编入了星表。很遗憾，他的星表长期失传。直至 20 世纪 80 年代，才有人从北京图书馆（现国家图书馆）善本书库明抄本《天文汇钞》中，查出书名为《三垣列舍入宿去极集》的书，未署作者名，经研究确认为郭守敬星表。与郭守敬同时代的赵友钦创造了恒星观测的新方法，即利用上中天的时间差来求恒星的赤经差，与现代的子午观测原理完全一致。

南北朝时，祖冲之的儿子祖暅（gèng）发现北极星并不在北天极，而是离北天极有一度多的角距离。600 年以后的沈括则测为三度多，沈括把这两数的差异，归咎于祖暅的观测不够准确。

其实，不管是二十八宿距度的变化，还是北极星的偏极，都是岁差造成的。虽然古代天文学家已发现这种现象，而且不厌其烦地修正、观测、再修正，但是没有人对此作出任何解释，没有人去探究发生这种变化的真正原因。

星图，是恒星位置的形象记录。中国古代星图大致上有两种，一种是示意性星图，常常绘制在古代建筑物或墓穴内壁上，如五代吴越国文穆王钱元瓘墓室的顶部和汉代武梁祠的石碑上都刻画有星象。这种星图只起装饰作用，所以比较粗糙、简略，根本谈不上准确性。星象也往往是不全的，有的只是部分天区，甚至一两个星官。另一种星图则是为天文学家所用，为查找和计算恒星位置而绘制。所以这种星图准确性高，记录的星象比较完整。但从已知星图看，第二种星图远远少于第一种，而且唐代以前的几乎没有。

东汉蔡邕的《月令章句》记叙了汉代星图的大致结构，根据这段文字可复原当时的天文星图（见图 4-2）。

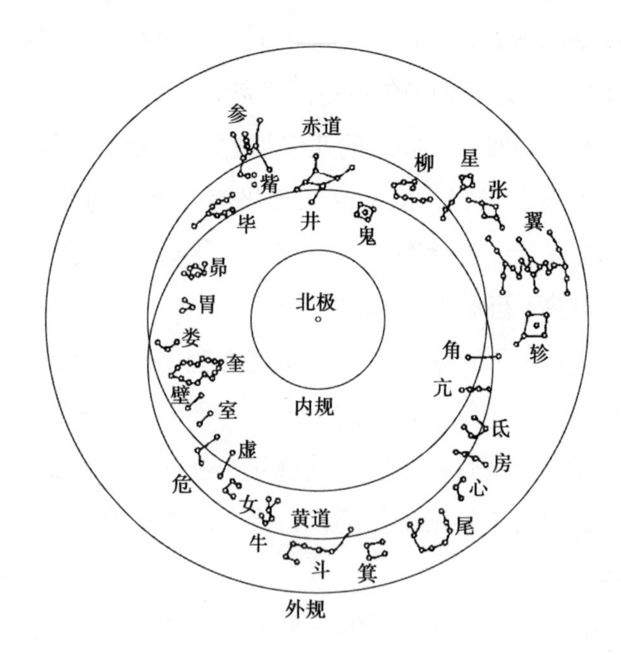

图 4-2　东汉星图

该星图是圆形的，以北天极为中心，向外三层同心圆分别为内规、赤道和外规。内规相当于北纬 55° 的赤纬圈，表示内规以内的天区，总在地平线以上，全年都可看到。外规相当于南纬 55° 的赤纬圈，表示外规以外的天区，总在地平线以下，全年看不到。从内规外规的度数分析，此星图曾用于中原地区。

天球是三维体。但中国古代还没有掌握把它投影到二维平面上的技术。在图 4-2 中，与北天极不等距的黄道应该是一个椭圆形，却被画成正圆形。在绘有赤道以南星象的圆形星图中，这种变形更为明显。大约在隋代，出现了一种用直角坐标投影的长条星图，称为横图。在横图上，虽然赤道附近的星象接近真实，天极周围的星象却发生歪曲。解决这个问题的最好办法就是分别绘制：用横图表现赤道附近的星象，用圆图表现天极附近的星象，北宋苏颂所给的一套星图正是采用这种手法的代表作（见图 4-3）。这套星图出自苏颂的《新仪象法要》，图中所标二十八宿距度值与他在元丰年间（公元 1078—1085 年）的观测记录相同，说明此星图是他根据实际观测绘制的。

清代的星图，把天区扩展到南极附近，其与陈卓星表相合的有 277 个星官 1319 颗星，另外新设 23 个星官 130 颗星。新增加的星中，绝大部分在中国看不到，是根据西方星表补充进来的。

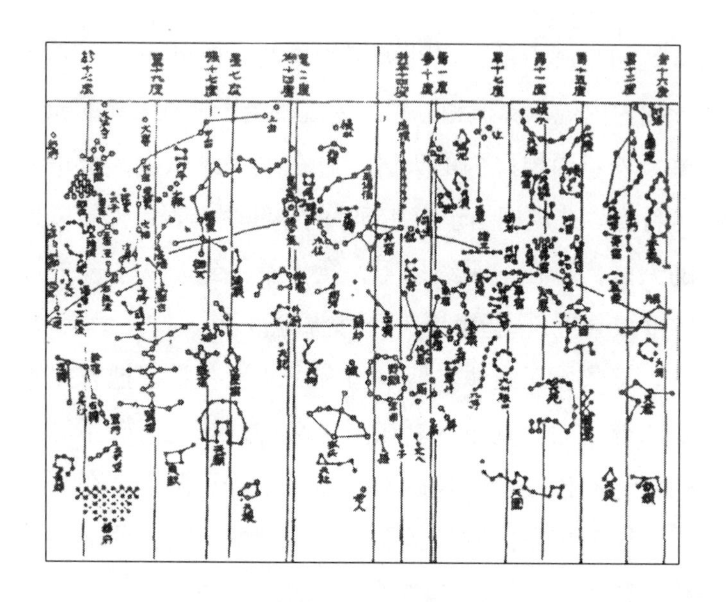

图 4-3　苏颂横图

四、天文导航

在茫茫大海上航行，周围没有任何带特征的景物，怎样判断船体所在的位置？现代导航技术发明之前，只能靠观测星象。

《淮南子·齐俗训》说："夫乘舟而惑者，不知东西，见斗极则寤矣。"是说在大海之中航行分辨不清方向时，可凭北斗星来辨明。这是中国最早的航海天文记载，它表明早在汉初时，天文导航的技术已普遍应用了。

北宋朱彧在《萍洲可谈》里写道：“舟师识地理，夜则观星，昼则观日，阴晦则观指南针。”然而观察太阳和指南针，充其量只能判断行船方向，却不可能知道地理经纬度。

明代郑和下西洋，途经南海、马六甲海峡，到达印度洋西岸，《郑和航海图》以图的形式描述了郑和航海的全过程（见图 4-4）。我们从图中得知，不同的定位方法分别用于三个阶段：第一个阶段从苏州到印度尼西亚苏门答腊岛的北端，由于船队右傍海岸近海航行，

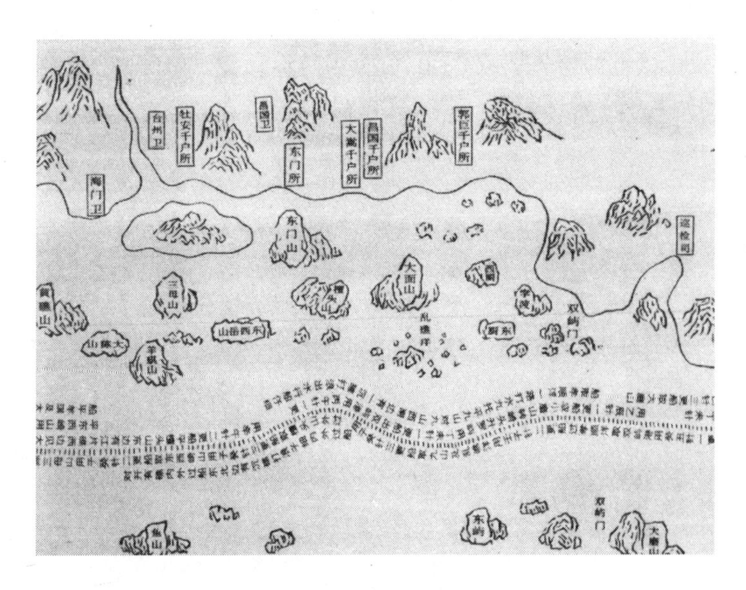

图 4-4　郑和航海图（局部）

所以仅用指南针就可定位。第二个阶段从苏门答腊往西到锡兰（今斯里兰卡），船队一直西去，纬度变化不大，加上距离不算太远，故以指南针为主，星象观测为辅。第三个阶段从锡兰到非洲东海岸，横穿印度洋，船向稍有偏离，就会远离目的地，这时候只能完全靠星象定位了。《郑和航海图》还有一组附图，叫《过洋牵星图》。图中详细标出了船队穿越印度洋时，所见星的方位和地平高度。

在指南针没有用于航海以前，靠日、月、星辰的出没来判断方位。至于地平高度，由于船体随海浪颠簸起伏，不能使用必须水平放置的地平经纬仪，所以船员一般用手掌或手指比量。当然，这种方法是很粗糙的。

第五章 奇异天象的观测

占星家用星象占卜吉凶，当然是很荒唐的事。但正是由于占星的需要，使得中国古代的某些人日复一日、年复一年地密切关注着天空异常天象的出没，并且严肃认真地将发生异常天象的名称、现象、在天空中的位置、发生的日期和时刻记录下来，及时报告给政府。很多重要的天象记录，就这样在中国的正史中被保留了下来。这些记录的连续性和准确性都是世界上所罕见的，是中国古代天文学极为珍贵的遗产，为我们研究这些天象本身的各种问题，以及古代人们对它们的认识，提供了第一手资料。

人们利用这些记载，得以准确推导出各种基本天文数据，例如太阳、月亮和行星的各项数据，包括年长、月长、日长等。通过流星雨、彗星的记载，可以探讨流星雨和周期彗星的周期。通过太阳黑子记录，可以探讨黑子产生的周期性及其对地球气候的影响。

通过超新星纪录，可以探讨恒星演化的过程。

一、日月食的观测

太阳和月亮是天上最重要的星体，人们白天依靠太阳、晚上依靠月亮所提供的光亮活动和生存。正因为这样，人们才特别重视对太阳、月亮的观测。人们早就注意到，太阳或月亮有时光亮会突然消失，人们不懂得消失的原因，如果一旦消失了不再复明，将给人类带来多大的灾难！这不能不引起人们的恐慌。正是由于这个原因，中国很早就注意对日食和月食的观测，记录它们被食的日期、时刻，被掩盖面积的大小，采取救护太阳和月亮的办法，探索发生日食、月食的原因。有史可查的我国最早的日食记录出现在一块殷代的甲骨上，经过人们的考证，这次日食发生在公元前 1217 年 5 月 26 日，这是人类历史上关于日食的最早的可靠记录。关于月食的记录比这个时间还要早，甲骨上就记载有公元前 14 至 13 世纪发生的五次月食。

中国古代的天文学家对于日月食的观测十分勤奋，记录也十分丰富，并且保持着记录的长期连续性。例如，在《春秋》这部编年史中，就记载了由公元前

722 年到公元前 481 年这 241 年中的 37 次日食，据考证，绝大多数记载都是可靠的。此后，自公元 3 世纪开始的日食记录和自 5 世纪开始的月食记录，都一直持续到近代。

二、黑　子

对太阳研究的另一个方面，是从事太阳本身变化的观测。中国古代天文学家对太阳变化的观测十分仔细，在公元前就观测到太阳表面发生的黑子、日珥（ěr）、日冕等现象。其中尤以黑子的记录最有价值。

据现代研究得知，日珥是从太阳色球层升腾而起的火焰，是一种气体。古人看到了这种现象，将其命名为日珥，意为太阳的耳饰，即太阳圆面边上多余出来的像人的耳饰的东西。中国最早的日珥记录同样出现在甲骨卜辞上，称之为“三焰食日”。

太阳黑子即在太阳表面出现的黑色斑点，它是太阳表面上出现的一种风暴。由于风暴的温度比它附近的日面低，故光芒就显得暗一些。现今世界公认的关于太阳黑子的最早记录是中国西汉成帝河平元年（公元前 28 年），《汉书 · 五行志》说：“成帝河平元年三月乙未，日出黄，有黑气，大如钱，居日中央。”关于黑子一名，最早出现在西晋初年（公元 268 年）的一条记载中。

古人对黑子记载得较为详细，有出现日期、部位和形状。由于黑子是太阳上的风暴形成的，所以出现的时间一般都比较短。肉眼所见黑子，大多是较大的黑子，据古代记载，常有达数日甚至十日才消失的现象。古人对黑子的形状观测得特别精细，将它描写成为如桃、如李、如钱、如瓜、如卵、如枣、如人、如飞燕等。黑子还常常成群出现。据现代研究，太阳自身也在不停地自西向东旋转，天文学家把在太阳圆面西部的黑子称为前导黑子，在太阳东面的称为后随黑子。前导黑子常呈圆形，比较暗。而后随黑子较大且颜色较淡，不一定呈圆形。现代天文学家常把黑子分为圆形、椭圆形和不规则形三类。古人比喻为桃、李、钱之类的为圆形，比喻为瓜、卵、枣之类的为椭圆形，比喻为人、鸟之类的为不规则形。黑子又往往南北成对出现，称为双极黑子，椭圆形的可能是双极黑子。不规则黑子往往是黑子群。

据统计研究，太阳黑子的出现周期平均为 11.33 年，这正与古代的记录资料相一致。我国古代太阳黑子的记录是一份十分珍贵的天文学遗产，对于研究太阳物理以及日地关系、气候变迁和天气预报，都有着重要的参考价值。

三、流星雨和陨石

夜晚仰望天空，常常会看到一道白光一划而过，这就是流星。零星的流星经常有，不足为怪。但是，有时偶尔会看到流星像雨点一样多，并且均从天空某一个共同点辐射出来，这就是流星雨。据现代研究发现，流星或流星雨均是运行在太阳系空间的物质小块，当它们闯进地球大气层时，因与大气摩擦燃烧而发光。如果没有烧尽而落到地面，便成为陨石。如果有许多块同时落到地面，便成为流星雨。

并不是任何一天都能遇上流星雨，只有当地球穿过流星群时，才会有流星雨产生。形成流星雨的细小物质，大多由彗星和行星瓦解后散落在太阳系空间而形成。当流星雨发生时，从地面看去，好像都是从天空中一个共同点发出来的，这个共同点称之为辐射点。天琴座流星群、狮子座流星群都是著名的流星群。

中国关于流星雨的记载也很多，例如，《竹书纪年》记载帝禹夏后氏八年，“雨金于夏邑”，就是公元前2133年降落在河南省的一场流星雨，这也是世界上最早的关于流星雨的记录。以后记录不断，古人常用“星陨如雨”“流星如织”来描写。

陨星降落到地面的现象也是经常发生的，陨星降落到地面，便成为天外来客。陨石有两种，一种是铁质，一种是石质，明末科学家宋应星说过：“星坠为石。”宋代科学家沈括在公元 1064 年一个晚上曾考察三次陨石爆炸，并在《梦溪笔谈》中详细记载坠落在宜兴许氏园中的陨石：“远近皆见火光赫然照天，许氏藩篱皆为所焚。是时火息，视地中，只有一窍如杯大，极深。下视之，星在其中荧荧然，良久渐暗，尚热不可近。又久之，发其窍深三尺余，乃得一圆石，犹热，其大如拳，一头微锐，色如铁，重亦如之。”

四、彗　星

《春秋》上记载鲁文公十四年（公元前 613 年），“秋七月，有星孛于北斗”。星孛（bèi），就是彗星，这是世界上关于哈雷彗星的最早记录。哈雷彗星平均每 76 年多回归一次。从秦始皇七年（公元前 240 年）到清代宣统二年（公元 1910 年），间隔 2149 年，哈雷彗星回归 29 次，每一次中国都有详细的记录。近代西方天文学家欣德（J.R.Hind）曾利用这些连续的观测数据来推算哈雷彗星的轨道，发现轨道面倾角在逐渐变小，汉代为 170°，到 19 世纪中叶已减至 162° 了。这项发现引起了天文学界的重视。美国加利福尼亚大学的布朗迪（Brady）博士于 1972 年发表过一篇论文，论证太阳系存在着第 10 颗行星，证据是哈雷彗星的轨道变化是这颗行星长期摄动的结果。布朗迪还预言了行星的位置，但英国的格林尼治天文台和美国的里克天文台都没有在预言位置上发现它。

彗星是太阳系里的成员，其轨道有三种类型：椭圆、抛物线和双曲线。具有后两种轨道类型的彗星在绕太阳转一个弯后就一去不复返了。只有在椭圆轨道上运动的彗星才会回归，称为周期彗星，哈雷彗星就是周期彗星。由于彗星的椭圆形轨道偏心率较大，有的接近于 1，因此只有当彗星行至近日点附近时，才有可能用肉眼看到。彗星的结构也很特殊，彗头的中央部分密集而明亮，叫彗核。周围是彗核蒸发出来的雾状物，叫彗发。在太阳风和太阳光压的作用下，彗发向相反方向延伸，形成一条或几条光带叫彗尾。离太阳越近，压力越大，彗尾就越长。于是，彗星在接近和离开近日点的过程中，会呈现出各种各样的形态。再加上每颗彗星的彗核大小、彗发多寡都不一样，所以仅用一两幅示意图，无法描述所有的形态。

正是因为彗星形态的多样化，古人便以为它们是不同类的天体而分别命名。对于彗尾长且直的彗星，叫扫星或彗星，实际上“彗”字就是扫帚的意思。对于彗尾稍短略有弯曲的彗星，叫孛星或拂星。彗星呈钩状的，叫蚩尤之旗。有几条彗尾的彗星，很罕见，叫五残、狱汉或昭明。

《晋书·天文志》关于彗尾现象有一段话："彗体无光，傅日而为光，故夕见则东指，晨见则西指。在日南北皆随日光而指，顿挫其芒，或长或短。"明确指出太阳与彗尾方向的关系。如果没有多次观测作基础，很难提出这种见解。

彗星还有分裂现象，虽然很少，但中国古籍中也有记载。《新唐书·天文志》里写道："(乾宁)三年十月，有客星三,一大二小，在虚、危间，乍合乍离，相随东行，状如斗。经三日，而二小星没，其大星后没。"客星，在这里指彗星。这段话描述的是已经分裂成三部分的彗星在虚宿和危宿之间出没的情形。

五、变　星

中国古代天文学家强调观测恒星的位置，却不重视恒星亮度的定量化，一些描述，如明大、光润、光芒小等，概念很模糊，理解上因人而异。只有变星，而且是亮度变幅在可见和不可见之间的变星，才会引起天文学家的注意而被记录下来。

《史记·天官书》里记载："有句圜（huán）十五星属杓，曰贱人之牢。其牢中星实则囚多，虚则开出。"后两句很重要，意思是如果"牢"里星比较满则囚犯就多，"牢"里星稀将赦免囚犯。有时星多，有时星少，说明有些恒星的亮度在变化。当它们变成六等以上的星时就为人们所见，反之，就好像消失了。司马迁所说的贱人之牢，就是后来的七公星官和贯索星官，对照现代星图，这部分天区相当于北冕座。北冕座确实有三颗变星，北冕座 T、北冕座 S 和北冕座 R，亮度变幅分别为 2^m—$9.^m5$、$5.^m8$—$12.^m5$ 和 $6.^m1$—12^m，都变化在可见与不可见之间，证实了古人的观察是正确的。

关于恒星亮度变化的占文还有很多，在去伪存真之后，将成为不可多得的研究资料。

六、新星和超新星

新星和超新星都属于变星，是爆发型的变星。新星爆发时，其亮度几天之内可增加几千至几万倍，随后慢慢变暗，一般经过几年或几十年，还原到爆发前的亮度。超新星的爆发规模更大，亮度增加几千万甚至几亿倍。

中国古代有关新星的可靠记录有50多例，超新星有10多例。最早的超新星记录见于《后汉书·天文志》的记载："中平二年（公元185年）十月癸亥，客星出南门中，大如半筵，五色喜怒，稍小，至后年六月消。""南门中"大致对应现代星图中的半人马座β星，在β星的东南不远处，已证实存在一个射电源，有极大的可能就是那颗"客星"的遗留物。

在寻找古代超新星与现代光学天体的对应关系上，公元1054年超新星是最先被证认的。据《宋会要》记载："至和元年五月晨出东方，守天关，昼见如太白，芒角四出，色赤白，凡见二十三日。"至和元年五月，相当于公元1054年六七月间，天关星即金牛座ζ（见图5-1）。这是当时司天监的观测记录。公元1731年，

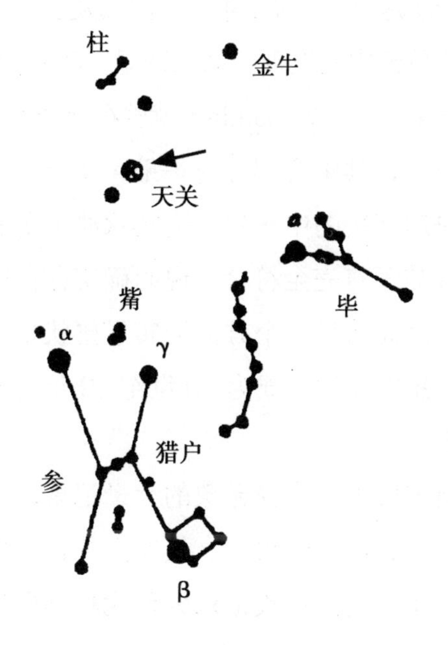

图 5-1　天关客星位置图

英国天文爱好者比维斯用小型望远镜在这个位置上发现了一个椭圆形雾斑。公元 1844 年英国人 W.P. 罗斯通过大型望远镜观察到它的纤维状结构，并根据其外观命名为蟹状星云。1921 年美国人邓肯研究两组相隔 12 年的照片，惊奇地发现蟹状星云在膨胀。1942 年荷兰天文学家奥尔特（J.H.Oort）从星云的膨胀速度，反推出这些纤维状物质大约是 900 年前从一个密集点飞散出来的。经过很多天文学家的计算、分析，证实了蟹状星云就是公元 1054 年超新星爆发后的遗迹。1969 年在蟹状星云中又发现一颗脉冲星。早在 1934 年，德国天文学家巴德（W.Baade）就曾在理论上预言过，超新星爆发后，其中心部分将坍缩，变成体积小、密度极高、快速旋转的中子星。这颗脉冲星所反映出来的物理特征与预言完全符合。说明确实存在过一次超新星爆发，因而从另一个方面证实了蟹状星云形成的原因。中子星的发现，成为 20 世纪 60 年代天文学的四大发现之一。

中国古代关于奇异天象的大量记录，与世界上任何国家相比，都是最可靠、最完整的，从数据角度来说，可用率最高。古代记录为现代科学研究服务，是当年占星家们绝对想不到的事情。将来，当科学进一步发展时，这些记录也许会显示出更高的价值。

第六章

天文与占星

中国古代的天文学是与占星密不可分的，中国最早的古籍之一《周易》就说："天垂象，见吉凶，圣人象之。"又说："观乎天文，以察时变；观乎人文，以化成天下。"按照这种说法，从事天文观测和研究，并不是出于繁荣科学、发展生产的目的，而是为了从天象观测得知上天对帝王的示警，可以从天象上得知吉凶和时事的变化。圣人掌握了这种变化，便可以趋吉避凶。所以，中国古代的统治者都认为，天文学能预卜先知，上天是有意志的，人类社会处于繁荣昌盛时，天上便有瑞象出现；如发生灾变和动乱，便有凶象出现。这种凶象和瑞象，懂得天文的人是能够发现的，故统治者都认为，天文对于巩固帝王的统治是十分重要的，历代帝王都牢牢地将天文机构控制在自己手中，努力把天文学家变成自己的御用人才。帝王要求天文学家必须每天认真从事天文观测，并随时向政府禀报观测结果。同时，又明令禁止民间私习天文，如果一旦发现有人私习天文，并且“妖言惑众”，是要杀头的。

中国的占星有自己的传统，它侧重于异常天象的观测。一旦天体运行失常，或者出现了异常天象，则被认为要有异常情况出现了。这种异常情况，绝大多数都是凶兆，当然偶尔也有吉兆。如景星的出现，那就预兆太平盛世来临或圣明天子出世。古代与占星并生的，还有卜筮、式法、星命等方术。这些方术虽然都与天文有一定的关系，但与占星没有直接的关系，占星着重于天象观测，其他方术则着重于推算和占卜。本书所介绍的占星，仅限于天象观测，不涉及其余方术。

一、天文分野占

在古人心目中，天是人格化的，天与人是要发生天人感应的。天下之大、东西南北，国域州郡很多，所谓吉凶就不能一概而论。某一种异常天象的出现，不一定对应全世界，而只能对应于某国、某州或某郡。这个吉凶究竟发生于何地，都有一个对应关系，这种天区与地域对应的法则，便是分野理论。

有关分野的观念，起源很早。《周礼》就有“以星土辨九州之地”，以观天下之妖祥的记载。即已开始将天上不同的星宿，与地上不同的州、国一一对应起来。天上的分区，大致是以二十八宿配十二星次，地上则配以国家或地区。现以《汉书·地理志》为据加以对照：

表6-1 《汉书·地理志》载天文地理分野表

地区	韩地	宋地	燕地	吴地	粤地	齐地	卫地	鲁地	赵地	魏地	秦地	周地	楚地
天区	角亢氐	房心	尾箕	斗	牛女	虚危	室壁	奎娄胃	昴毕	觜参	井鬼	柳星张	翼轸

《淮南子·天文训》所载与此类似。以上将天和地的对应关系分为13组，但与其他的分野资料进行对比可以得知，天地对应关系的分组，并没有一个固定的模式。《史记·天官书》又有如下的恒星分野：

> 秦之疆也，候在太白，占于狼弧；吴楚之疆，候在荧惑，占于鸟衡；燕齐之疆，候在辰星，占于虚危；宋郑之疆，候在岁星，占于房心；晋之疆，亦候在辰星，占于参罚。

这个分野只列出八个国家，除地域与恒星对应外，还记载了五星与国家的对应关系。

分野的思想，大约产生于春秋战国时代，所以地域有时称晋国，有时称赵魏，但仅限于中原地区。不过，秦汉统一以后，分野思想还在继续发展，这时的地理分区就不再是国家，而是12州。从13国经8国到12州，也许反映出分野思想的演变过程，由天上的二十八宿对应于地上的12州，正与一年四季中的12个月相对应，似乎更可以看到分野思想的成熟。

在天与地的对应关系建立以后，占星就有了一个基础。这样，当天上某个区域或星宿出现异常天象时，它所反映出的火灾、水灾、兵灾、瘟疫等，就有一个相应的地域可以预言。例如，《后汉书·天文志》就记载了汉明帝永平九年（公元66年）正月彗星出现及其应验的事例，这次彗星出现在牵牛宿，长八尺，彗尾通过建星，一直到达箕宿、心宿和房宿的南部，经过50余天才隐灭不见。以后，就发生广陵王荆和沈凉、楚王英和颜忠两件谋反的事，事情败露以后，都以自杀了结。这次彗星出现为什么会被认为应验在这两个王身上呢？这是由于牵牛宿的分野在吴、越，房、心的分野为宋，而广陵属吴地，彭城属宋地，所以应验在这两件事上面。

又例如，《三国志》记载在东汉桓帝时于宋楚分野的地方有黄星出现，当时有一个姓殷的占星家曾预言，50年以后，当有圣人出现在丰、沛这个地区，其锋芒将锐不可当。而50年以后，就有曹操破袁绍的大事，群雄没有可以与之匹敌的。曹操家在亳县，属宋地，故被认为应验了黄星出现于宋楚分野的瑞祥。

二、日占和月占

日占和月占是中国古代比较典型的星占，它们所涉及的范围很广，例如，太阳上出现黑子、日珥、日晕，太阳无光，二日重见等。另外，古人对日食的发生也很重视，天文学家都在受命进行严密监视，日食出现的方位、在星空中的位置、食分的大小和日全食发生后周围的状况，都是人们所关注的大事。

《晋书·天文志》在记载日食与人间社会的关系时说："日为太阳之精，主生养恩德，人君之象也。""日食，阴侵阳，臣掩君之象，有亡国。"李淳风的《乙巳占》则说："天下太平，虽交而不能食。食即有凶，臣下纵权篡逆，兵革水旱之应兆。"

既然发生了日食，这便是凶险不祥的征兆，天子和大臣不能眼看着人们受灾殃，国家破败，故想出各种补救的措施，以便回转天心。天子要思过修德，大臣们要进行禳救活动。《乙巳占》记载的禳救的办法是这样的：当发生日食的时候，天子穿着素色的衣服，避居在偏殿里面，内外严格戒严。皇家的天文官员则在天文台上密切地监视太阳的变化。当看到了日食时，众人便敲鼓驱逐阴气。听到鼓声的大臣们，都裹着赤色的头巾，身佩宝剑，用以帮助阳气，使太阳恢复光明。有些较开明的皇帝还颁罪己诏，以表示思过修德。

月占的情况与日占大同小异，由于月食经常可以看到，故后人就较少加以重视了。不过，月食发生时，占星家比较看重月食发生在恒星间的方位，关注其分野所发生的变化。除月食占以外，还有五星等占卜。

三、行星占

行星占又称为五星占，因为除掉日月以外，在太阳系内肉眼所见能做有规律的周期运动的，就只有五大行星。由于中国古代五行思想十分流行，五星也就自然地与五行观念相附会，连五颗星的名字也与五行的名称一致。五星的星占在所有的星占中占有极重要的位置，自春秋战国至明代，五星一直都是占星家重要的占卜对象。

《开元占经》引《荆州占》说：

> 五星者，五行之精也。五帝之子，天之使也。行于列舍，以司无道之国。王者施恩布德，正直清虚，则五星顺度，出入应时，天下安宁，祸乱不生。人君无德，信奸佞，退忠良，远君子，近小人，则五星逆行变色，出入不时……众妖所出，天下大乱，主死国灭，不可救也。余殃不尽，为水旱、饥馑、疾疫之灾。

行星占包括的范围极广，有行星的位置推算和预报，有行星的凌犯观测，有行星的颜色、大小、光芒、顺逆等的观测。

古人以为，五大行星各有各的特性，它们在天空的出现，各预示着一种社会治乱的情况。例如：木星为兴旺的星，故木星运行至某国所对应的方位该国就会得到天助，外人不能去征伐它，如果征伐它，必遭失败之祸；火星为贼星，它的出现，象征着动乱、贼盗、病丧、饥饿等，故火星运行到某国所对应的方位，该国人民就要遭灾殃；金星是兵马的象征，它所居之国象征着兵灾、人民流散和改朝换代；水星是杀伐之星，它所居之国必有杀伐战斗发生；土星是吉祥之星，土星所居之国必有所收获。故汉宣帝时看到土星出东方，认为是吉兆，对中国有利，所以命令赵充国赶快去征讨西羌。刘歆想反对王莽，发动政变时，还要等待选一个金星出东方的日子，终于错过了时机。

观看行星所处的方位，是占星家的重要工作。公元前 637 年晋惠公去世，秦国护送晋公子重耳返国夺取王位时，重耳问晋大夫董因是否会成功，董因说："岁在大梁，将集天行，元年始受，实沈之星也。实沈之虚，晋人是居，所以兴也。今君当之，无不济矣。"是说重耳继承王位时，正逢岁星处于实沈的星次。实沈正是晋人之星，是兴旺的象征，故重耳此时继承王位，没有不成功的道理。实沈对应于毕、觜、参等宿，正是晋之分野，故有此说。

占星家对五星凌犯也很重视，现仅举火星侵犯斗宿一例，以说明古人具体的占法。古时的占星家认为，火星犯南斗，就有"谋反者"，有"破军杀将"事。汉景帝元年（公元前 156 年）七月火星留守在南斗，三年后就发生了吴楚七国之乱（《汉书·天文志》）；东汉顺帝永和二年（公元 137 年）八月火星又犯南斗，第二年的五月就发生了吴郡人羊珍等反叛的事，同时，九江又发生了蔡伯流等数百人造反的事；灵帝熹平元年（公元 172 年）十月火星又进入南斗星中，在当年十一月就发生了会稽许昭造反自称越王的事（《后汉书·天文志》)。上述事例，都被认为是占星的应验。

四、恒星占

恒星也有独立的占法，大致可分为二十八宿占和中官占、外官占。占星家不停地对各种星座进行细致的观察，观看其有无变动。一有动向，便预示着人间社会的一种变化。举例说，占星家认为，尾星是主水的，又是主君臣的，当尾星明亮时，皇帝就有喜事，五谷丰收；不明时，皇帝就有忧虑，五谷歉收。如果尾星摇动，就会出现君臣不和的现象。又如，天狼星的颜色发生变化，就说明天下的盗贼多。南方的老人星出现了，就是天下太平的象征，看不到老人星，就有可能出现兵乱。

五、彗星占

在中国古代的星占理论中，彗星的出现，差不多均被看作灾难的象征。《乙巳占》关于彗星的论述说：

> 长星（即彗星），……皆逆乱凶孛之气。状虽异，为殃一也。为兵、丧，除旧布新之象。……凡彗孛见，亦为大臣谋反，以家坐罪，破军流血，死人如麻，哭泣之声遍天下。臣杀君，子杀父，妻害夫，小凌长，众暴寡，百姓不安，干戈并兴，四夷来侵。

中国古代将彗星看作灾星的由来已久，早在春秋战国时即有记载，例如，《左传》就记载了文公十四年（公元前613年）出现的彗星，当时有星孛于北斗，周朝的内史叔服预言说，不出七年，宋、齐、晋国的国君都将死于战乱之中。

除分野占、日占、月占、行星占、恒星占、彗星占以外，还有客星占、流星占等，限于篇幅，不再作具体介绍。

第七章 阴阳五行与历法

在介绍阴阳五行之前，应该先介绍一下古代有关气的观念。现代人大都把气看作是古代的一种哲学观念。这种说法并不错，但是我们这里要指出的是，气与中国天文学最为密切。气的观念，首先起源于天文学。故有的学者认为，气是中国天文学的核心，不了解气的实质，就很难懂得中国天文学。

一、阴阳二气的观念

许多极普通的名词，都与气有关。例如：节气、气候、气化、气势、气质、运气等，使用起来习以为常，但要真正给气下一个定义却不容易。有解释说："通常指一种极细微的物质，是构成世界万物的本源。"这种说法既不充分也不全面，没有涉及气的种类及其运动和相互作用的特性。

如果仔细分析古代气的观念，就会发现气是有属性的，在宇宙间没有无属性的中性的气存在。它是由阴气和阳气组成。后世对作为哲学观念的阴阳二字应用得十分广泛，但追本求源，阴阳的观念最早只是起源于历法和季节的变化。《周易》赖以建立的基础就是阴阳，利用阳爻（yáo）和阴爻组成八卦。《系辞》说："一阴一阳之谓道"，"阴阳之义配日月"。《春秋繁露·阴阳终始》说："天之道，终而复始。"说的阴阳变化均是指季节的循环。《管子·乘马》说："春秋冬夏，阴阳之推移也"，说得更为明白。

古人以为，气候的变化是由于阴阳二气的作用，阳气代表热，阴气代表冷。宇宙间阴阳二气相互作用，发生交替的变化，便反映在一年四季的变化上。夏季炎热时，属于纯阳。冬季寒冷时，属于纯阴。阳气和阴气互为消长，春季阳气增长，阴气衰弱，当阳气达到极盛时就是夏至，由此发生逆转，阴气渐升，阳气下降，当阴气达到极盛时就是冬至，这时再次发生逆转，阳气上升，阴气下降，完成了一个周期的交替变化。

二、五行的本原

什么叫五行？《辞海》五行条说："指水、火、木、金、土五种物质。中国古代思想家把这五种物质作为构成万物的元素，以说明世界万物的起源和多样性的统一。"这种说法不能说错，至少它代表了后世一部分哲学家的看法。

但如果认真考察上古文献中有关五行的论述，就会发现，早期人们对于五行的看法与后世所谓哲学上的五行几乎完全不同。

例如，汉郑康成疏《尚书·洪范》说："行者，言顺天行气也。"可见郑康成对五行的解释并不是指五种物质，而是指顺天行气，即是指运动的状态而不是指物质。那么，郑康成是否是标新立异呢？根本不是，他所说的是上古关于五行观念的传统说法，仅是近代哲学家不予关注而已。再如《白虎通·五行篇》云："言行者，欲言为天行气之义也。"《春秋繁露·五行相生》也说："行者，行也。其行不同，故谓之五行。"由此可见，五行不是哲学上的五种物质概念，而是指一年或是一个收获季节中，太阳的五种运行状态。太阳的运行状态不同，阴阳二气的状态也就不同，气候寒暖程度也不同。五行就是一年或一个收获季节中的五个时节。

其实，五行是时节，在上古文献中有更直接的说法。例如，《吕氏春秋》就把五行直接称为五气，也就是将一年分为五个时节之义。又如，《左传·昭公元年》记载：年“分为四时，序为五节”。而《管子·五行篇》则说：“作立五行，以正天时，五官以正人位。”可见上古均是将五行解释成时节或节气。

有人很看重《左传·襄公二十七年》的说法：“天生五材，民并用之，废一不可。”以为这就是五行即五种物质元素的依据。但这完全可以解释为古人借助于五种物质的名称作为太阳五种行度的名称，而不应该解释为物质的本身。用直观的人们常用的五种物质的名称给五种太阳行度命名，就如以十二生肖给日期命名一样，符合古人朴素的思想观念。

三、五行相生与历法

五行相生，又叫生数序五行，其含义是后一个行是由前一个行生出来的，以至于逐个相生，形成一个循环系列，周而复始。五行相生是五行观念中使用最普遍，发展最成熟的一种排列方式。

按照《春秋繁露·五行之义》的说法，木是五行的开始，水是五行的终了，土是五行的中间。木生火，火生土，土生金，金生水，水又生木。这个顺序，就像父子相生一样。木行居东方而主春气，火居南方而主夏气，金居西方而主秋气，水居北方而主冬气。所以木主生而金主杀，火主热而水主寒。这是上古各类文献中，有关生数五行定义的通常说法，可见古人设立五行，开始时并不是为了解决哲学问题，而是借助五种物质的名称来作为一年中五个季节的名称。木行就是一年中开始的第一个季节，相当于春季；火行为第二个季节，相当于夏季；土行为第三季，介于夏秋之间；金行为第四个季节，相当于秋季；水行为第五个季节，相当于冬季。

有人可能会感到难以理解，既然有了一年四季的分法，为什么又要另外弄出一个五行即五季的分法？既然木、火、金、水相当于春夏秋冬，为什么在夏秋之间又再出现一个土行即长夏？据研究，四季与五行，是属于两种不同的历法系统。四季与十二月八节二十四气相配，是属于阴阳合历系统。古代按农历将一年分为春夏秋冬四季；又将四季分为立春、春分、立夏、夏至、立秋、秋分、立冬、冬至八节，每季含有二节；二十四节气则对应于十二个月，每个月含有两个节气。所谓阴阳合历，是月用太阴月（朔望月），年用阳历年（回归年），以闰月调整节气。而五行则属于纯阳历系统，它将一年分为五季，每季 72 天。其中每一行又可分列为阴阳两个部分，每部分 36 天。阴阳这两个具体的名词开始于什么时代，目前学术界还有争议。但没有阴阳这两个词，也可以使用与此相对等的其他名词，如《淮南子·天文训》就称之为刚柔，凉山彝族则称之为公母。

《管子·五行》有如下记载：

> 日至，睹甲子，木行御……七十二日而毕；
> 睹丙子，火行御……七十二日而毕；
> 睹戊子，土行御……七十二日而毕；
> 睹庚子，金行御……七十二日而毕；
> 睹壬子，水行御……七十二日而毕。

《淮南子·天文训》和《春秋繁露》等也都有类似的记载。从这些记载可以看出，这种生数五行历的历元设在冬至，木行从冬至开始计算，木行的第一天恒定为甲子日，经过 72 日，至第七十三日火行第一天开始为丙子日，以下土行第一天为戊子日，金行第一天庚子，水行第一天壬子，五行计 360 日，外加五至六天过年日，合为一岁。这五至六天过年日不用干支纪日，故新的一年的第一天仍从甲子日开始。这种纪日方法与我们从彝族了解到的情况完全一致。

为了与阴阳五行历相匹配，在《管子·幼官》中还有将一岁分为 30 节气的办法。这 30 节气的名称为：地气发、小卯、天气下、义气至、清明、始卯、中卯、下卯、小郢、绝气下、中郢、中绝、大暑至、中暑、小暑终、期风至、小卯、白露下、复理、始节、始卯、中卯、下卯、始寒、小榆、中寒、中榆、寒至、大寒、大寒终。书中明确规定每个节气为 12 天，30 节气正好为 360 天。以往人们不了解阴阳五行是一种历法系统，对将一岁分为 30 节气的分法感到不可理解。由于 30 节气与阴阳五行隶属于一个系统，一个阳历月正好为三个节气 36 天，一行为六个节气 72 天，配合起来非常整齐。

四、洪范五行与历法

春秋战国以后的学者几乎不再谈洪范五行，它可能出现得比较早，因而也较早地退出历史舞台，以致后人也最难了解它的本来面目。

洪范五行是一种特殊的排列方式，因它记载在中国最早的史书《尚书·洪范》中，故称为洪范五行。殷末的贤臣箕子对周武王说，上天赐给夏禹九条大法以治理国家，其中的第一条大法就是五行。据这种说法，它应是在夏朝用过。它的排列顺序为水、火、木、金、土。

按照箕子的解释，五行各有自己的特性。水能使地下的泥土湿润，以利种子的吸水发芽；火能蒸腾，使地面的温度升高，以助植物生长；木可以作成曲直之体，象征植物的生长之形；金象征植物的成熟和收割；土象征着植物的贮藏和换代。总之，洪范五行象征着一个收获季节。从箕子的这个解释可以看出，洪范五行与生数五行的排列方式是完全不同的，其五个名称虽然相同，但含义却不一样。它没有与地球上的寒暖程度相联系。一个收获季节是一岁还是半岁？没有更多的说明。因此，洪范五行的真实面目，如果没有更多的文献依据，它也许是一个永远解不开的谜。

但是，前人几乎都承认《周易》和河图、洛书是属于洪范系统的。那么,《周易》中载有天一地二天三……十个神秘数字，是什么意思？孔颖达在对这十个神秘数字作注时说：一和六相对应，均称为水，一为阳性，六为阴性；二和七相对应，均称为火，二为阴性，七为阳性；三和八相对应，均称为木，三为阳性，八为阴性；四和九相对应，均称为金，四为阴性，九为阳性；

五和十相对应，均称为土，五为阳性，十为阴性。

由此我们可以得出一个结论，《周易》中的十个数，对应于洪范五行的两周，第一周为一至五，第二周为六至十。北宋易学大家陈抟（tuán）在《河洛理数》中解释《周易》中的十个神秘数字的含义时说："凡一、二、三、四、五、六、七、八、九、十之数，乃天地四时节气也。"这十个数竟是一岁中的十个节气，也就是十个时节，即十月太阳历的十个阳历月。

由此可以看出，洪范五行是古代的这样一种历法，它将一岁分为两个收获季节，上半年称为麦季，为生年或阳年；下半年为秋收季，为成年或阴年。无论是阳年还是阴年，均分为水、火、木、金、土五个阳历月，每个月为 36 天。其中的每一个月，又都具有阴阳的特性。

第八章

自成体系的历法

“日”的概念，来自昼夜交替。但要计算更长的时间，仅用“日”是不够的。比如，用日来计算一个中年人的年龄，就会得出上万的数字，很不方便，这就需要有比“日”大的单位。早在远古时代，人们发现，作物的枯萎繁茂，候鸟的南去北归，无不与气候的凉暖变换紧密联系。这个周期大约有 365 天多，于是就以含有收获之意的“年”字来表示这一时间单位。

月亮的盈缺变化，也是一个明显的周期。从满月到下一个满月大约要花 29 天半的时间，比“日”周期长，比“年”周期短，古人称之为“月”。

历法就是安排年、月、日的方法。具体地说，就是规定一年里有多少月，一月里有多少日，一年的第一天定在什么时候，闰月或闰日怎样添加，等等。

历史上曾经出现过三种历法：太阳历、太阴历和阴阳历。太阳历以回归年为基本周期，一年设 12 个月（当然，也可将一年设为 10 个月、18 个月等，那么，这时的一个月就不是 30 日左右了），这里的“月”与朔望月没有关系，是人为创造的计时单位，现行的公历就是太阳历的一种。太阴历以朔望月为基本周期，每月以 29 天或 30 天交错安排，12 个月组成一年，共 354 日。很明显，太阴历的“年”与回归年是不同的。现在阿拉伯国家颁行的历法就是太阴历。

中国自有历史记载以来一直使用阴阳历。阴阳历兼顾回归年和朔望月两个周期，使每个月符合月亮盈亏的变化，每年符合春夏秋冬的变化。但是，众所周知，年，是地球绕太阳公转的反映；日，是地球本身自转的反映；月，是月亮绕地球公转的反映。这三种运动是互相独立的，年、月、日之间的关系不像千米、米、厘米之间是简单的倍数关系，所以，编制阴阳历比编制其他两种历更为复杂。

中国古代正式的，包括没有行用过的历法，共有 102 种，改历是很频繁的，改历的原因大部分是由于历法超前或落后于实际天象。从天文学的角度来看，中国历法的宗旨其实就是使年的平均长度尽量接近回归年，使月的平均长度尽量接近朔望月，并寻找一个合适的置闰周期。

一、回归年和朔望月

太阳连续两次通过冬至点所需要的时间间隔，叫回归年，古代称为岁实。

利用圭表，可以直接测定太阳到达冬至点的日子，因为那一天正午时的表影比一年中其他日子的都要长。但是，冬至可能发生在这一天里的任何一个时刻，而并非一定是正午，所以要想知道冬至时刻，须经过较长时间的观测。

春秋战国以前，天文学家已掌握365 $\frac{1}{4}$日的回归年数值，写作“三百六十五日四分日之一”。这个数值从何而来，未见明文记载。他们可能在总结了几百年冬至日正午影长后发现的，如果第一年的冬至日正午表影最长，第二年则稍短，第三年更短，第四年差不多与第二年等长，第五年又基本上回到第一年的长度，然后把第一年冬至日到第五年冬至日之间的日数，除以四年，就会得到上述数值。这虽然是推测，但与事实不会相差太远。

使用这一回归年长的历法叫做四分历。回归年长度的现代测定值为 365.242 217 日，四分历一年可超出 0.007 783 日，四年则超出 0.031 132 日，还不到 45 分钟，对于 2000 多年前的古代来说，做到这一步已经很不容易了。

不过，四分历在长期使用后，误差积累就比较明显了，常常出现历法后天现象，即历法预推时刻比实际天象发生时刻要晚。这就需要重测回归年值，改换置闰法。比较历代历法的回归年值，会发现总的趋势是误差逐渐变小，接近真实的长度。最逼近的数值为 365.242 190 日，误差为 -0.000 027，一年仅差 2.3 秒，这是明末邢云路用他的六丈高表测出的。

很值得一提的是，南宋杨忠辅测定的数据，为 365.242 5 日，和现行公历（即格里高利历）完全一样，却比公历早使用 350 年。同时，杨忠辅注意到，回归年的长度不是一成不变的。虽然他测出的变化值比现代理论值要大，但是，现代理论值是在天文望远镜高度发展之后，在天体力学和高等数学的帮助下，才推算出来的。

朔和望是月亮运动轨道上的两个位置。在朔时，月亮中心与太阳中心处于同一黄经，黄经差等于 0°，这时候从地球上是看不见月亮的。在望时，月亮与太阳隔着地球遥遥相对，黄经差等于 180°，这时候从地球上看月亮，其形状是圆满无缺的。连续两次朔或连续两次望之间的时间间隔，称为一个朔望月。

四分历中的朔望月值不是得自于观测，而是根据19年七闰法，从回归年长度推算出来的。中国最早的置闰周期是19年七闰，即19个回归年等于19个阴历年加上七个闰月。也就是说，19个回归年等于235个朔望月。由于四分历的回归年值偏大，朔望月值偏小，当提高回归年精度时，就会减低朔望月的精度，反之亦然。直到南北朝以前，这个问题还没有解决。19年七闰是阻碍问题解决的关键。北凉的赵歐（fèi）修改了置闰周期，采用600年221闰，使回归年和朔望月精度都有所提高。

本来，回归年和朔望月就是两个独立的周期，没有必要非把它们联系在一起。从唐代李淳风的《麟德历》起，废除了置闰周期，以无中气之月为闰月。

当天文学家逐渐掌握了日食月食的规律以后，可以用两次交食之间的日数除以月数而直接获得朔望月值。两次交食相隔的时间越长久，朔望月值就越精密。

二、二十四节气

虽然阴阳历的平均长度接近回归年，但因为三年多才加一个闰月，补偿方式显得有些唐突，气候变化在阴阳历上不能完全体现出来。比如，表示夏天开始的立夏，今年在三月，明年可能就在四月，与月序的关系不固定。在农业国家，人们格外关心播种和收割的时间，不能反映季节的历法很难普及推广，因此，二十四节气便产生了。

二十四节气的具体名称是：立春、雨水、惊蛰、春分、清明、谷雨、立夏、小满、芒种、夏至、小暑、大暑、立秋、处暑、白露、秋分、寒露、霜降、立冬、小雪、大雪、冬至、小寒、大寒。其中位于偶数的，如雨水、春分、谷雨等又叫中气。

节气，本质上是将地球绕太阳运动的轨道平均分成 15° 一份，24 份共 360°，每个节气代表轨道上的一个固定位置。从时间上来说，由于地球公转的速度是不均匀的，这就导致了有的节气 14 天，有的近 16 天，平均 15 天多。大家知道，季节是地球公转的反映，所以节气可以比较准确地表征气候冷暖现象。

二十四节气按其名称的含义又可分为四种：(1) 表征四季的有立春、春分、立夏、夏至、立秋、秋分、立冬、冬至八个节气。(2) 表征冷暖程度的有小暑、大暑、处暑、小寒、大寒五个节气。(3) 表征降水量多寡的有雨水、谷雨、白露、寒露、霜降、小雪、大雪七个节气。(4) 与农事相关的惊蛰、清明、小满、芒种四个节气。

二十四节气属于阳历系统，它与朔望月配合使用，是中国阴阳历的一大特点。

三、年月日的安排

历法中的一个重要内容是，闰月怎样安排。

在置闰周期废除以前，阴历年以大月 30 天、小月 29 天交替安排。一个阴历平年包含 12 个月，共计 354 天，与回归年相差 11 天多，累积两年或三年就必须补充一个月，才能使平均年长基本上等于回归年。在西汉中期以前，闰月都安排在年终。西汉太初（公元前 104—前 101 年）以后，才改以无中气之月为闰月。

年终置闰，往往是当物候与月份错位很明显的时候才给予纠正，很不合理。唐代李淳风在《麟德历》中废除了置闰周期，并规定以无中气之月为闰月。朔望月的现代理论值是 29.530 59 日，比两个中气之间的间隔要短大约一天。如果第一个月的望日正逢中气，那么 32 个月以后，两者之差累计超过一个月，这期间就会出现一个没有中气的月份，使本来应该属于这个月份的中气推移到下个月份里去了。假若还不采取措施，其后的中气也将一一推迟。这个没有中气的月份一般出现在第 16 个月前后，规定这个月为闰月，意味着把三年末置闰提早到一年半置闰，使物候与月序偏离不超过半个月，确实比较合理。闰月的月序仍用上个月的月序，称为“闰某月”。

今天，中国使用的阴阳历更加合理，以两次冬至之间包含有 13 个月的年为闰年，闰年中第一个无中气之月为闰月。总而言之，置闰解决了阴历年和物候的对应问题。

用定朔来安排大小月，也是李淳风首先采用的，虽然最先倡导的并不是他。在此之前，大小月是交替安排的，只是在经过约 16 个月以后，才出现一次连大月。月亮的运动有快有慢，当它走得快的时候，朔与朔之间的间隔会小于平均值。走得慢的时候，会大于平均值。中国阴阳历以朔为一个月的开始。若想使每个月的月首与朔日重合，需要根据实际快慢情况修正平均值，修正后的朔就是真实的朔，称为定朔。用定朔排历后，有时出现连续三个小月或连续四个大月的情形，这是不足为怪的。

一天以什么时刻作为起算点？为什么要定在子夜而不是其他某个时刻？本来，在人类历史上，日出、日落、日中（即正午）、子夜都曾作为一日之始使用过。日中是最先被否定的，人们在白天的连续活动中要跨越两个日子，显然极不方便。而日出和日落的时刻随着四季的变化而变化，夏天日出早，日落晚，冬天日出晚，日落早，所以在2000多年前已被废止。唯有子夜作日期分界点最为合适。当子时又细分为子初和子正时，子正就成为一天的开始了，恰巧与现行公历制度相吻合。

岁首，指一年以什么季节为开始。在秦汉以后，岁首统一放在立春逢朔之日。由于阴历年短于回归年，某些年的首日有可能早于立春，但安置闰月后又会调整如初，基本上保证了每年以春天开始。

总结前面所写的内容，对中国阴阳历的各个要素与现行公历作一比较，列入下表：

表8-1　阴历阳历要素对照表

	中国明阳历	公历（阳历）
岁　首	立春逢朔	冬至以后的第10天
平年的月数	12个月	12个月
平年日数	354日	365日
闰年日数	383日或384日	366日
置闰方法	无中气之月为闰月	四年一闰，但400年97闰，闰日加在二月末
月　首	朔日	与朔望无关
月的日数	29日或30日	28日，29日 30日，31日
日　首	午夜0点	午夜0点

表 8-2 中国古历回归年值比较表（表中数字为有效小数）

朝代		历名	回归年 365. 日	朔望月 29. 日	近点月 27. 日	交点月 27. 日
先秦	1	《黄帝历》	2500	53085		
	2	《颛顼历》	2500	53085		
	3	《夏历》	2500	53085		
	4	《殷历》	2500	53085		
	5	《周历》	2500	53085		
	6	《鲁历》	2500	53085		
汉	7	《历术甲子篇》	2500	53085		
	8	《太初历》	2502	53086		
	9	《三统历》	2502	53086		
	10	《四分历》（东汉）	2500	53086		
	11	《七曜术》				
	12	《乾象历》	2462	53054	55336	
三国	13	《黄初历》	2468	53059		
	14	《太和历》	2469	53060		
	15	《景初历》(《太始历》《永初历》)	2469	53060	55450	
晋	16	《正历》	2467	53058		
	17	《乾度历》				
	18	《永和历》	2468	53061		
	19	《三纪甲子元历》	2468	53060		
	20	《元始历》	2443	53060		

续表

朝代		历　　名	回归年 365.日	朔望月 29.日	近点月 27.日	交点月 27.日
南北朝	21	《五寅元历》				
	22	《元嘉历》(《建元历》)	2467	53059	55452	
	23	《大明历》	2428	53059	55468	21223
	24	《景明历》				
	25	《神龟历》				
	26	《正光历》	2437	53059		
	27	《兴和历》	2442	53060		
	28	《大同历》	2444	53060		
	29	《九宫行碁历》	2443	53060		
	30	《七曜律历》				
	31	《天保历》	2446	53060		
	32	《灵宪历》				
	33	《天和历》	2443	53061		
	34	《孝孙历》	2443	53059		
	35	《甲寅元历》	2445	53056		
	36	《孟宾历》	2443	53059		
	37	《大象历》	2438	53063		
隋	38	《开皇历》	2443	53061	55451	
	39	《七曜新术》				
	40	《胄玄历》				
	41	《皇极历》	2445	53060	55457	21220
	42	《大业历》	2430	53059	55455	

续表

朝代		历　名	回归年 365.日	朔望月 29.日	近点月 27.日	交点月 27.日
唐	43	《戊寅元历》	2446	53060	55455	
	44	《麟德历》	2448	53060	55456	21223
	45	《经纬历》				
	46	《光宅历》				
	47	《神龙历》	2448	53060	55456	21222
	48	《九执历》	2469	53058		
	49	《大衍历》	2444	53059	55453	21200
	50	《至德历》				
	51	《五纪历》	2448	53060	55456	21223
	52	《符天历》				
	53	《正元历》	2447	53059	55455	21222
	54	《观象历》				
	55	《宣明历》	2446	53060	55454	21222
	56	《崇玄历》	2445	53059	55500	21220
五代十国	57	《调元历》				
	58	《永昌历》				
	59	《正象历》				
	60	《中正历》				
	61	《齐政历》				
	62	《明玄历》				
	63	《钦天历》	2445	53059	55456	21222

续表

朝代		历　　名	回归年 365.日	朔望月 29.日	近点月 27.日	交点月 27.日
宋	64	《应天历》	2445	53059	55455	
	65	《钦天新术》				
	66	《乾元历》	2449	53061	55460	21222
	67	《大明历》(辽)				
	68	《至道历》				
	69	《仪天历》	2445	53059	55457	21220
	70	《乾兴历》	2448	53059		
	71	《崇天历》	2446	53060	55454	21222
	72	《明天历》	2436	53059	55462	
	73	《奉元历》	2436	53059		
	74	《十二气历》				
	75	《观天历》	2436	53059	55461	21214
	76	《占天历》	2436	53059		
	77	《纪元历》	2436	53059	55460	21232
	78	《大明历》(金)	2436	53059		
	79	《统元历》	2436	53059	55458	21221
	80	《乾道历》	2436	53059	55458	21222
	81	《淳熙历》	2436	53060	55460	21222
	82	《知微历》(又名《重修大明历》)	2436	53059	55460	21222
	83	《乙未元历》	2431	53059		

续表

朝代		历名	回归年 365.日	朔望月 29.日	近点月 27.日	交点月 27.日
宋	84	《五星再聚历》	2445	53059		
	85	《会元历》	2437	53059	55454	21222
	86	《统天历》	2425	53059	55458	21222
	87	《开禧历》	2431	53059	55460	21222
	88	《西征庚午元历》	2436	53059	55460	21222
	89	《淳祐历》	2428	53059		
	90	《会天历》	2429	53060		
	91	《万年历》				
	92	《成天历》	2427	53059	55461	21222
	93	《本天历》				
元	94	《授时历》	2425	53059	55460	21222
明	95	《回回历》	2422	53059		
	96	《大统历》	2425	53059	55460	21222
	97	《圣寿万年历》	2420	53059		
	98	《黄钟历》	2420	53059		
		《崇祯历书》	2422	53059		
清	99	《新法历》	2422	53059	55461	21222
	100	《晓庵历》	2422	53059	55461	21222
	101	《时宪历》(《癸卯元历》)	2423	53059	55460	21222
	102	《天历》	2425			

第九章 干支与生肖

一、干支的起源

干支起源于何时？至今还难以作出确切的回答。不过，近百年来出土的殷墟甲骨卜辞中，就载有大量用于纪日的干支记录。说明早在殷商时代，就已普遍地使用干支纪日了，所以干支的产生，应该比殷商更早。现今大家均相信，春秋时代的纪日干支，是与现在的纪日干支一脉相承的，这可以从《春秋》所载37次日食干支记录得到证实。近年来有人根据殷墟卜辞月食所载干支，推论说自殷代开始到现在，干支纪日一直都是连续的。不过这种论断尚有一些不确定的因素。

有人以为，人们发明干支，就是用于纪日的。查遍上古所有文献，均没有这种说法，故我们不赞成这种意见。据《史记·律书》和《说文解字》等书记载，天干按辞义可解释为：甲，植物破甲之时；乙，屈曲生长之时；丙，天气明亮之时；丁，丁壮之时；戊，丰茂之时；己，纪识之时；庚，成熟之时；辛，更新之时；壬，怀妊之时；癸，揆度之时。这清楚地表明了天干是一岁中10个时节的物候。又根据《释名》和《史记·律书》《说文解字》，十二支名称的含义为：子，万物孳生之时；丑，扭屈萌发之时；寅，发芽生长之时；卯，破土出苗之时；辰，舒展生长之时；巳，阳气盛壮之时；午，阴阳交替之时；未，尝新之时；申，成熟之时；酉，煮酒之时；戌，衰老枯黄之时；亥，收藏之时。故十二地支也清楚地表明了一年中植物生长过程的12个时节。

天干地支应是分判时节的两种不同的方法，是两种不同的历法系统。天干属阳历，地支属阴历，所以，晋代天文学家虞喜把天干称之为日雄，地支为月雌。《尔雅·释天》则将天干称为月阳，将地支称为月名。天干就是一年分为10个月，每个月为36天的太阳历月名；地支就是农历的月名。将天干和地支配合起来，组成60个数的周期用以纪日，后来又用来纪年和纪月，这可能是殷商人的创造。

二、干支在历法中的应用

我们注意到，自汉武帝以来，每个皇帝登基时，都要规定自己的年号，并以颁布年号之年为第一年，顺序下排。往往一个皇帝在位时会有好几个年号，比如汉武帝刘彻就有 11 个年号，他的元封元年相当于公元前 110 年，元封六年即公元前 105 年，下一年换了年号为太初元年。这种纪年法是不连续的，对于需要知道较长的时间间隔显然不方便。史书上一般用另一套纪年法，即干支纪年法。

干支是天干和地支的总称。天干为：甲、乙、丙、丁、戊、己、庚、辛、壬、癸。地支为：子、丑、寅、卯、辰、巳、午、未、申、酉、戌、亥。一个天干配一个地支，天干在前，地支在后，排尽所有组合，共 60 对，以甲子开始，癸亥结尾，可以不重复地记录 60 年，60 年以后再从头循环。

表 9-1　天干地支循环表

1 甲子	2 乙丑	3 丙寅	4 丁卯	5 戊辰	6 己巳	7 庚午	8 辛未	9 壬申	10 癸酉
11 甲戌	12 乙亥	13 丙子	14 丁丑	15 戊寅	16 己卯	17 庚辰	18 辛巳	19 壬午	20 癸未
21 甲申	22 乙酉	23 丙戌	24 丁亥	25 戊子	26 己丑	27 庚寅	28 辛卯	29 壬辰	30 癸巳
31 甲午	32 乙未	33 丙申	34 丁酉	35 戊戌	36 己亥	37 庚子	38 辛丑	39 壬寅	40 癸卯
41 甲辰	42 乙巳	43 丙午	44 丁未	45 戊申	46 己酉	47 庚戌	48 辛亥	49 壬子	50 癸丑
51 甲寅	52 乙卯	53 丙辰	54 丁巳	55 戊午	56 己未	57 庚申	58 辛酉	59 壬戌	60 癸亥

干支纪日的方法与干支纪年一样，每天用一对干支表示，60 天一个周期，循环往复，可以无穷。从春秋鲁隐公三年（公元前 720 年）二月己巳日，到清宣统三年（公元 1911 年），干支纪日连续使用了 2600 多年。通过这个连续记录与现行公历的换算，可对这期间几乎所有的事件作时间上的认定。

60 干支也用来纪月，但与年和日的纪法不同。首先，地支在月序上是固定不变的，正月为寅，二月为卯，……十二月为丑。其次，天干在分配时，要考虑当年的天干情况。比如，当年天干为甲或己时，正月的天干就是丙，二月是丁，三月是戊，……下面是年天干和月天干关系的示意图：

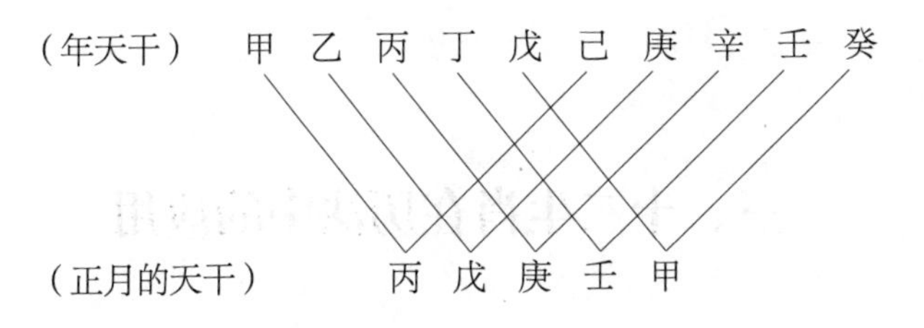

图 9-1　年天干和月天干关系示意图

虽然，从西汉开始就流行用有序数字纪月和纪日，但历代史官们仍主要采用 60 干支记事，故要想阅读中国古代书籍，不可不知干支用法。

表 9-2　年干支月干支对应表

月干支 月份 年干支	正月	二月	三月	四月	五月	六月	七月	八月	九月	十月	十一月	十二月
甲、己	丙寅	丁卯	戊辰	己巳	庚午	辛未	壬申	癸酉	甲戌	乙亥	丙子	丁丑
乙、庚	戊寅	己卯	庚辰	辛巳	壬午	癸未	甲申	乙酉	丙戌	丁亥	戊子	己丑
丙、辛	庚寅	辛卯	壬辰	癸巳	甲午	乙未	丙申	丁酉	戊戌	己亥	庚子	辛丑
丁、壬	壬寅	癸卯	甲辰	乙巳	丙午	丁未	戊申	己酉	庚戌	辛亥	壬子	癸丑
戊、癸	甲寅	乙卯	丙辰	丁巳	戊午	己未	庚申	辛酉	壬戌	癸亥	甲子	乙丑

三、十二生肖在历法中的应用

以十二支来记载年、月、日、时，确实比较方便，但是不便于记忆，对于不识字的人来说尤感困难，于是便产生了以序数来记载年、月、日、时的方法。以序数记载年、月、日自然方便，但都存在一个起点问题。在上古时，各个民族、各个地区的历法很不统一，不统一就会产生误会，相互之间就无法进行交往。人们又重新意识到利用十二支纪年、纪月、纪日的优越性。为了克服干支记忆的不便，人们便创立了以鼠、牛、虎、兔、龙、蛇、马、羊、猴、鸡、狗、猪 12 种动物来代替十二地支，并且与十二地支有固定的对应关系，这就不易错乱。由于这 12 种常见的动物具有实感，容易为广大群众记忆和接受，于是便很快地在社会上流传开来，遍布亚洲各个民族中间，至今仍然盛行。

关于十二生肖的起源，至今还是一个谜。外国关于十二生肖的文献记载都比较晚，所以它应该起源于中国。东汉王充《论衡》中，就曾系统地记载着十二生肖与十二地支的对应关系，故想必在西汉以前，十二生肖纪年、纪月、纪日便已流行。近年来在云梦秦简中出土有十二生肖的记载，除少数几个不同以外，大部分都与现今相同，也许从这里能找到十二生肖的起源和演变过程。

十二生肖的排列顺序是如何定型的，它与十二地支的对应关系又是如何确定的，这些在古代文献中都没有明确的记载。民间流传的所谓牛鼠赛跑的故事，可信程度不大。这些关系可能是逐步发展起来的，经典文献中的名句，例如 :《诗经 · 小雅 · 吉日》“吉日庚午，既差我马”,《左传· 僖公五年》“龙尾伏辰”，等等，都可能作为十二生肖与十二地支对应关系的起因，这就关系到二者谁产生在先的问题了 ; 形体特性类似或常在一起的动物及家畜等，例如，龙和蛇，马和羊，鸡、狗、猪等，就自然地排列在一起 ; 五行相生、相克的关系，也应是考虑的一个因素。另外，如将虎与寅相配，大约与西羌氐羌民族的虎崇拜有关，他们以虎月为正月，又以虎为贵、为大，故以虎月为正月。总之，十二生肖顺序的形成，包含着多种因素。

第十章 古代的纪时制度

纪时制度，是以某时间为起点将一昼夜划分为多少段的方法。中国古代所熟悉的纪时制度是十二时辰、刻漏制和五更的分法。可是在西汉中期以前，由于这些方法不够完善，通用是十六时制。

一、西汉以前的十六时制

前人早就注意到，在西汉以前的古籍中，纪时方法与后世几乎完全不同，不是用子时、丑时等的纪法，而是用食时、餔时、人定等陌生的时称。这类对时间的称法，在《史记》《汉书》《黄帝内经》等书中到处可见，出土的西汉以前的有文字记载的简牍等实物，也都证实了当时实用的就是这套纪时制度。为了说明这套时制与后代的对应关系，曾有人对此作出注解，例如对《资治通鉴》和《黄帝内经》的时称名均有人作过注，认为这些时称是十二时制的异名。但是《淮南子·天文训》连续记载有 15 个时称，《黄帝内经》也有 14 个不同的时称，故以上对古人的理解有误。近年来人们对西汉时制作出深入研究，才揭开了十六时制的秘密。这十六时制的名称及与二十四小时的对应关系如下表：

表 10-1　十六时制名称及与二十四小时对应关系表

夜半	鸡鸣	晨时	平旦	日出	蚤食	食时	东中
0	1：30	3：00	4：30	6：00	7：30	9：00	10：30
日中	西中	铺时	下铺	日入	黄昏	夜食	人定
12：00	13：30	15：00	16：30	18：00	19：30	21：00	22：30

由于冬夏白昼和黑夜的长短时间不等，故这十六时制中的每一个时段冬夏所占时间的长度是否相等，还有待于进一步研究。外国古代也有十六时段的分法，不同国度之间是否存在过这种时制交流，也有待于进一步研究。

二、十二辰纪时法

春秋战国时，人们开始将历法上的 12 月名称应用到天文方位上。基本设想是太阳每年 12 个月在黄道上运行一周，若将黄道分为对应的 12 个天区，则一个天区对应一个月。人们将太阳冬至所在的天区称为子，12 月太阳所在的天区称为丑，下面依次类推。地球公转引起了太阳在黄道上自西向东的周年运动，地球的周日旋转又引起了太阳沿赤道自东向西的昼夜运转。由此人们便设想把天赤道所处的方位也划分为 12 个天区，北方为子位，南方为午位，东方为卯位，西方为酉位，则一昼夜太阳运行 12 个方位回到原处，这样便产生了太阳位于一个辰位为一个时辰的概念，一昼夜为 12 个时辰，人们便可以用太阳在天空所处的方位来确定时间。

这个纪时方法大约产生于汉武帝太初改历以后，是由当时参加改历的天文学家首先提出的。这个方法比较科学简明，于是便很快地为人们所接受，老的纪时法也就逐渐被废止。这种纪时方法最早出现在《汉书・翼奉传》，载有元帝初元元年（公元前 48 年）“日加申”，意思是太阳位于申的时刻。自此以后，这种纪时方法就不断出现，纪时的名称由“日加午”转变为“时加午”，以后又进一步简化为“午时”。这种纪时法与二十四小时制对应如下表：

表 10-2　十二辰与二十四小时对应表

子	丑	寅	卯	辰	巳
23—1	1—3	3—5	5—7	7—9	9—11
午	未	申	酉	戌	亥
11—13	13—15	15—17	17—19	19—21	21—23

进入魏晋南北朝以后，科学技术得到了进一步的发展，人们对纪时制度也就提出了更高的要求，即使在民用上，十二时辰作为一个独立的纪时制度，其间隔也太大了一些。故人们开始想出一些改进的办法，将其分得更细一些。

首先的想法是，将每个时辰再一分为二，在十二时辰名中间，再插入甲、乙、丙、丁、庚、辛、壬、癸八个天干和艮、巽、坤、乾四个卦名，合计 24 个小时名。这种分法一直沿用到隋朝。这种纪时名称记忆起来不大方便，给人的感觉配合得也不是那么和谐，唐代的天文学家便将十二时辰分列为初正两个部分，例如，子初开始于 23 点，子正开始于 0 点，午初开始于 11 点，午正开始于 12 点。作出这个改进以后，早期的 24 小时名称也就被废止不用。将十二时辰分为初正两部分，这是中国古代的二十四时制，一直沿用到清代。

三、漏刻纪时法

无论是十六时制或十二时制，都是依据太阳的方位或出没状况来判断的，但这对平民百姓来说，不容易判断得准确，使用起来也太粗疏，故人们又发明了漏刻，用来记载时间。《周礼》载有契壶氏，《汉书》载有率更令，均是执掌漏刻的官员，可见迟至周代，官方就用漏刻来纪时了。

据记载，先秦漏刻主要是用于军事目的的。至汉太初改历以后，才开始应用在天文学上。在天文学上应用之后，它的精密程度和使用的方法，都有了重要改进。先秦时，是否已开始用漏刻连续不断地测时、报时，还值得进一步研究。作为一个连续的测时、报时系统，并投入正常使用，大约始于西汉太初以后。

开始时的使用方法大致是这样的：将一昼夜分为 100 刻，夏至白天 60 刻，夜晚 40 刻；冬至白天 40

刻，夜晚 60 刻；春分、秋分昼夜平分。但天文学家把太阳出入前后二刻半的晨昏朦影时间也算在白天，这样，夏至白天 65 刻，夜间 35 刻；冬至白天 45 刻，夜晚 55 刻；春秋分白天 55 刻，夜晚 45 刻。将白天和黑夜分开使用，当白天开始时，将漏壶装满了水，在水面上漂浮着一根带有刻度的箭。随着壶水的下漏，浮箭便逐渐下沉，从壶口读出各个时刻箭上的刻数以报时。通常将一根箭的刻数，在中间作出标记，将上下一分为二，故报时时，称昼漏上水 × 刻，或昼漏下水 × 刻；夜漏上水 × 刻，夜漏未尽 × 刻。当昼夜交替时，不管壶水是否漏尽，就该重新加满水，重新起漏。

由于不同季节白昼或黑夜的刻数不等，使用同一个刻度的箭就会不方便，也不准确。所以古人发明了在不同的季节使用不同箭的方法。西汉时一年使用 40 根箭，每九天换一根箭。在使用的过程中，发现按天数换箭的方法并不科学，因为冬至、夏至附近昼夜的变化不显著，而春分、秋分附近变化很显著，所以在东汉初年时，就改用太阳南北方向每移动二度四分更换一箭，仍使用 40 根箭。东汉和帝时又作出小的改进，规定太阳每南北移动二度更换一箭，全年使用 48 箭。

四、十二时制与漏刻制的配合

漏刻单独纪时曾经使用了一个相当长的时间，这种办法在整个南北朝时都一直在使用。但是，将一昼夜分为 12 时较粗，将一昼夜分为 100 刻又过短了一些，如果将二者结合起来，组成一个系统，那就很合适了。古人早就想到了这个问题，为了使二者能简明地配合起来，西汉哀帝时夏贺良就曾建议废除百刻制，改用 120 刻制，王莽称帝时也曾有人建议改用 120 刻制，梁武帝时曾先用 96 刻制，后又改为 108 刻制，但终因百刻制使用时间已经很久，积习难改，使二者结合的愿望一直未能实现。

在使十二时制与百刻制的配合上，到隋唐时，人们就不再考虑变动百刻制来实现，而是承认既成事实，将二者配合起来。开始时有人提出子、午、卯、酉各九刻，其余八刻。又有人提出子、午各十刻，其余八刻。但这两种意见改变了十二时辰等分的规定，不能为人们所接受。最终仍只能采用等分的办法。

具体的做法是，将百刻分为十二等分，每一个时辰为八大刻加 1/6 刻，这 1/6 又称为小刻，古人就是用这种办法使二者统一起来。在将一个时辰分为初正两部分之后，人们又将一个小时等分为 $4\frac{1}{6}$ 刻，这 1/6 刻也称为小刻。做出这个规定以后，人们在计算时间时，就统一用某时某刻来表示，在漏箭和浑仪的刻度上，也将十二时和百刻配合使用，每个小时的末尾均附有一个小刻。

五、更点制度

更点制度，在中国古代十分流行。在古代，几乎每个县城都建有鼓楼，用于击鼓报时。提起更点制度，几乎每一个人都知道是用于夜间报时的。但若问起中国古代夜间为什么要以五更来纪时？五更的起点和终点是何时？甚至五更如何计算？可能很多人都说不清楚。

中国古代五更纪时开始很早。汉代的《汉旧仪》就有甲夜、乙夜、丙夜、丁夜、戊夜的记载。《晋书》中就有“丙夜一筹”的记载，“丙夜一筹”就是后世的三更一点，可见晋代就已有了更点制度。《隋书·天文志》在追述先秦漏刻时说：“昼有朝、有禺、有中、有晡、有夕，夜有甲、乙、丙、丁、戊。”看来先秦时存在过将一昼夜分为 10 个时段的制度，白天和黑夜各占五个时段。

汉代的《五经要义》说 :“日入后漏三刻为昏，日出前漏三刻为明。”这是西汉关于昏旦的定义，后来就改为二刻半。《新唐书》载“以昏刻加日入辰刻，得甲夜初刻”，可见五更终始于昏旦时刻。由此可知，将每夜分为五更，又将每更分为五点，则只需将夜间时刻除以五，便得每更时刻，又将每更时刻再除以五，便得每点时刻。由于白昼和黑夜时刻的长短均随季节变化，所以古代的每一部历法，都测定有各个节气的昏旦时刻表，以供人们推算更点时刻使用。

明白了夜间时刻随着季节而变化的道理，可知每更每点的时间都是不固定的。所以有的书上说一更等于两小时，这个说法不准确。计算表明，冬至时一更为 11 刻，夏至时为 7 刻，其余季节介于这两个刻数中间。每点也介于 20 分钟至 30 分钟之间。

第十一章

岁差的发现

一、冬至点在移动

两汉以前，人们并不知道冬至点在移动，大家都在努力地测定各个节气的昏旦中星，以为一旦确定了各个节气的昏旦中星，就会万古不变。与此同时，历法家也都在探索历法中的岁首冬至时太阳所处的位置。由于太阳光强烈，日出时日光掩盖了所有的恒星和行星，无法直接测出冬至时太阳在星空中的位置，但是，战国时的天文学家还是用间接的方法，导出了冬至时太阳所在位置牵牛初度。

由于先秦的天文学家一直都以恒星的出、没、中天的动态来定季节，这个方法也确实是用以定季节的有效方法，但它也给人们造成了一个错觉，以为昏旦中星与季节的关系永远不变。正是由于这种认识，西汉太初改历时，许多天文学家都没有考虑重测冬至时的太阳位置，仍然沿用前人测定的数值牵牛初度。到了西汉末年刘歆编制《三统历》时，曾对冬至点做过观测，他所得的结果冬至点在“进退牛前四度五分”，即在建星的方位。建星即位于斗宿与牛宿之间的星座；斗宿与牛宿相距 26 度，在牛前四度余即在斗宿 21 度，这个数值实际是较为正确的，但刘歆仍不敢肯定。直至东汉元和改历，贾逵才明确地指出冬至太阳在斗宿 21 度，这个结果正与刘歆相合。贾逵肯定了自己所测的结果，但他没有考虑自己所测结果为什么与前人不一致。由此可知，在东汉以前，中国天文学家通过各自的独立观测，证实了冬至点在移动。

二、虞喜发现岁差

虞喜发现岁差，由于当时的反对意见激烈，并未留下直接文献。我们只能通过唐代天文学家一行和北宋天文学家周琮的转述而略知一二。原来，公元 330 年，虞喜观测得冬至时的昏中星为东壁，也就是二十八宿中的壁宿。由此他联想到《尚书·尧典》所载“尧时冬至日短星昴”，即尧时冬至昏中星为昴星。这就是说，从帝尧至东晋这段时间内，冬至昏中星已从昴宿，经过胃宿14度，娄宿12度，奎宿16度，退行至壁宿9度，合计退行51度。而虞喜推算的他那时距尧时为2700年，由此可求得约53年岁差1度。所以“古历日有常度，天周为岁终，故系星度于节气”，长此下去将发生误差，越是长久误差越是显著，他断言，故应“使天为天，岁为岁”，设立岁差，使合于天象。

虞喜的这一发现，可能受到冬至点已从牵牛初度退行至斗宿21度的启发，因为昏中星和太阳的位置是同步的，只是虞喜没有加以说明。

三、有无岁差的争论

祖冲之是一位有成就的天文学家，他编订《大明历》时首次将不久前虞喜发现的岁差应用到历法计算之中。但是，这一重要革新却遭到当时的权贵戴法兴的反对，戴法兴坚持没有岁差，否定冬至点在移动，指责祖冲之将岁差引进历法是“虚加度分，空撤天路”，并加以“诬天背经”的罪名。祖冲之虽写了《驳议》据理力争，但终因戴法兴的反对而受阻。

自此以后，南北朝直至唐初的天文学家均不敢轻易议论岁差。即使唐初的著名天文学家李淳风，也反对岁差的存在。他不但著文批评岁差的观念，他所写的《晋书·天文志》《隋书·天文志》等，均未提及岁差这一重要发现。直至唐朝中期的天文学家一行，才正式对岁差加以肯定，推广应用，并改进了岁差值。

四、北极也在移动

节气在黄道上的移动，中国古代的天文学家确确实实地发现并认识到了。但是，北极是否也在移动，对中国大多数天文学家来说，并未加以注意，这实在是一个重大的疏忽，它关系到人们是否能对岁差现象做出科学的解释和应用。

人们早就发现，从中国古代文献中可以找到若干被放弃了的极星。首先被放弃的是右枢星（天龙座 α），枢者，轴心也。从它的星名，就可以推测出它充当过极星。从现代岁差理论可以推知，在公元前三四千年的时代，右枢星正好位于北极附近。

到了公元前 10 世纪前后，即西周时代，北极的位置已移动到天帝星（小熊座 β）附近，这就是《史记·天官书》所说：“天极星，其一明者，太一常居也。”

帝星就是太一，它位于中央不动，是宇宙的最高统治者。此时北斗七星既是建时节的指针，同时又是天帝星乘坐的车子，用它运行于中央，并到四方去巡行。

大约在公元500年前后，北极的位置已移到天枢星（又名纽星，即鹿豹座中的某星），当时人们又把纽星当作真北极。但那个时候，中国天文学已取得较大进步，观测用的仪器也越来越精密，公元6世纪天文学家祖暅测定出当时纽星距离北天极一度多。这一发现很有意义，它纠正了以往认为极星就是北天极的错误认识，也引起了后人对极星位置观测的重视。

到了北宋熙宁年间（公元1068—1077年），天文学家沈括曾经主持过对北极星的仔细观测，为了测得准确的数值，他曾专门校准了仪器的枢轴。他得到的结果是北极星离开北极达三度多的距离。这个观测结果正好说明了北天极在移动。

可是沈括没有将这一发现与岁差现象相联系。他曾注意到500年前祖暅的观测与己不合，但并不认为北极有移动，而是批评祖暅观测不精密。沈括的观测结果，最终未能导出正确的结论，他只是认为岁差是由于黄道在赤道上的移动，这与岁差是赤道沿黄道的移动的事实正好相反。所以，中国古代的天文学家虽然已认识到有岁差现象，但尚未找出岁差产生的真正原因，也未认识到北极在移动，因而并未建立起黄极的概念，以至于历法计算中所使用的黄经、黄纬，实际只是似黄经、似黄纬。中国古代的天文学家对岁差的概念只认识了一半，它的另一半虽然已经观测到了，却没有能够从科学上加以解释。

这个历史事实说明，科学发明创造，虽然也存在某种偶然性，但与科学家所处时代的局限性不无关系。中国古代的天文学家为了完成皇家的使命占星和制历，不得不偏重于观测和应用，缺少理论的推导和研究，这是未能实现再前进一步的重要原因。科学的岁差概念要到明朝时才开始建立。

第十二章 太阳月亮运动及位置计算

中国历法除了编排年月日外，还有更广泛的天文学内容，其中带有研究性质的课题是：太阳、月亮及五大行星的视运动及其位置推算、交食预报等。从某种程度上说，中国历法就是一部天文年历。

一、太阳运动

研究太阳视运动的规律，意味着要掌握太阳在何时走到何处。浑仪虽然可以帮助天文学家直接测量太阳的去极度，却不能直接测量入宿度，因为白天并没有星空作背景。古人曾利用月亮反推太阳的赤经，而这只限于几种月相的特殊情况，而且所推测的结果也不够精密。对于其他时刻太阳的位置，往往以太阳平均每天所走的度数来推算。在四分历中，太阳平均每天走一度。回归年精度提高以后，平均值也随之改变。于是，在此基础上求得，二十四个节气等分回归年，每个节气占 15.2 日，称为平气。

早在春秋战国以前，天文学家就知道太阳有单独的运行轨道，称为黄道。东汉天文学家张衡曾测出太阳运动是不等速的，但却归之于黄道对赤道的不均匀投影，事实上，投影只是造成太阳运动不均匀性的原因之一，因此，张衡实际上并没有认识到太阳本身存在着有规律的迟速运动。

太阳运动的不均匀性是地球公转不均匀性的反映。地球公转的轨道是椭圆形的，近似于圆，太阳位于椭圆的一个焦点上，根据天体运动规律，地球在近日点附近运行得快一些，在远日点附近则慢一些。

北齐人张子信精通天文数学，为躲避战乱而定居海岛，历 30 年之久观测太阳、月亮和行星。他最先肯定了日、月、行星的运动都存在着真正的不均匀性。

考虑了太阳运动的不均匀性以后，每个节气所占时间就不再相等，短到 14 日多，长到近 16 日，称为定气。定气的计算方法是：首先测出太阳运动的最快位置和最慢位置，然后按实际快慢情况，编出各节气的快慢修正值表，其修正值的绝对值以最快和最慢处为上限，平气时刻加减修正值即是定气时刻。

唐代一行的《大衍历》，把定气当作基准值，用不等间距二次差内插公式，算出节气与节气之间任意位置的修正值，以太阳平均运动加减修正值，就得到太阳真实的位置。

黄道是太阳周年视运动的轨道。黄道与赤道并不重合，它们之间有一个交角，称作黄赤交角，太阳运行到距赤道最远处，中国古代称为黄赤大距。在第一节里曾谈到过，中国古代的观测仪器是赤道式装置，而测量日月和行星的位置却要以黄道为基本圈，所以需要把赤道度数换算成黄道度数，黄赤交角是换算过程中不可缺少的要素。

正是由于高度的重视，古人对黄赤交角的测量一直很精确。早在公元前1世纪，《周髀算经》中黄赤交角值为23° 39′ 18″.1，与今天的理论推测值只差3′ 23″.9。北宋《仪天历》这个数据的误差为23″.9，还不到半个角分。而600年以后，以擅长观测著称于世的丹麦人第谷所测得的黄赤交角仍有2′的误差。

现代科学研究证明，地球的形状和密度分布不是球形对称的，在受到来自日、月和行星的引力影响后，地球的自转轴在空间的方向会发生变化，与自转轴垂直的天赤道面的方向也将变化。这种变化造成的后果是：黄道赤道的交点之一春分点沿着黄道缓慢地向西移动，和春分点相差90°黄经的冬至点同样向西移动。经过一回归年太阳从冬至点运动到下一个冬至点时，冬至点已经相对星空背景移动了一段距离，就出现了回归年短于恒星年的现象，两者之差即为“岁差”。

二、月亮运动

朔和望是由日、月、地三者的相对位置决定的，与恒星背景无关。月亮绕地球一圈并回到同一恒星位置的周期，叫作恒星月。如图 12-1 所示，当地球从 E_1 走到 E_2 时，月亮也从 M_1 走到 M_2，此时 E_2M_2 与

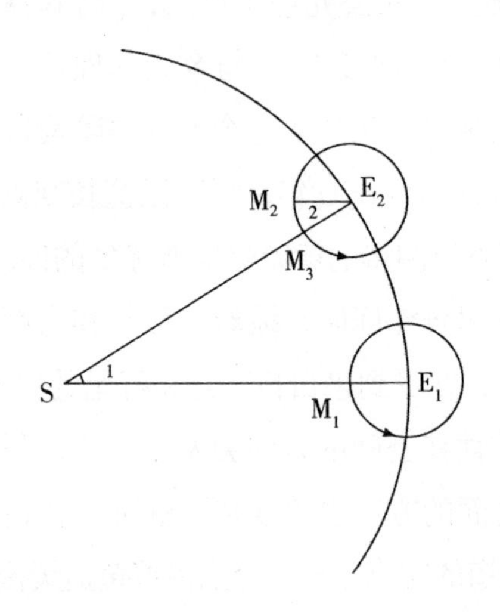

图 12-1　月亮、太阳和地球相对关系图

E_1M_1，指向恒星背景中的同一位置，M_1 到 M_2 的时间间隔就是一个恒星月。可是月亮还需从 M_2 走到 M_3，才能发生第二次朔，所以恒星月值要比朔望月短。而且∠ 1= ∠ 2，说明在一个朔望月的时间里，月亮比地球整整多走了 360°，于是就有下面的公式：

$$\frac{360°}{\text{恒星月}} \times \text{朔望月} - \frac{360°}{\text{回归年}} \times \text{朔望月} = 360°$$

即：月亮每天所走的度数 = 月亮比太阳每天多走的度数 + 太阳每天所走度数

用上述公式可以推求月亮任意一天的位置。春秋战国时期，人们已经能够熟练地运用该公式预推月亮的位置了。当然在具体计算时，公式中的 360° 应是中国传统的 $365\frac{1}{4}$度。

东汉的李梵和苏统，比较了前几代史书的记载，发现月亮运动不但有快有慢速度不匀，而且最快的那个位置本身也在不断向前移动。最快的那一点，用现代天文学术语说，就是近地点。假若近地点固定不动，月亮两次通过近地点的时间间隔，即近点月，就等于一个恒星月。当近地点移动时，月亮要花比恒星月更长的时间才能回到近地点，换言之，近点月便大于恒星月。由于实际上近点月表现了月亮运动快慢变化的周期，所以在对月亮平均速度作修正时，要用到近点月的数据。已知最早的近点月值，出自东汉的《乾象历》，为 27.554 756 日，误差为 0.000 206 日，合 17 秒多。刘洪在《乾象历》中，首次增加了对月亮平均速度修正的内容。

三、日食和月食

日食和月食统称交食。交食既与月亮运动有关，又与太阳运动有关，交食预报的准确与否，就成为检验历法优劣的重要标准。“效历之要，要在日食”（《晋书·律历志》），所表达的就是这个意思。

历代历法家都公认并运用这个标准，从而在客观上承认了日月食是有规律可循的。但与此同时，总有占星家借天文官员预报不准的机会，把日食月食神秘化，以示天意所为。这说明了日月食的规律很复杂，不是短时期观测就能掌握的。

日食必定发生在朔，月食必定发生在望，但并不是所有的朔望都发生交食。道理很简单，因为月亮视轨道与太阳视轨道有一个 5° 09′ 的夹角，而太阳、月亮的最大角直径分别是 32′ 32″ 和 33′ 26″。当日月在同黄经位置上临近相交时，日月中心距为 33′ 左右。这就是说，当日月中心距大于 33′ 时，即使在朔望位置也不会发生交食。日月中心距的大小与日月离轨道交点的距离直接相关，日月临界时离交点的距离，通常作为判断交食与否的条件，这个界限称为食限。东汉《乾象历》曾以黄经15.5度为日食发生的判据，与现代值相差不远，被后代许多历法所采用。

经验在不断积累，认识在不断提高。西汉《三统历》统计出，135个朔望月里大约有23次交食，而且135个朔望月以后发生的交食，其次序和间隔都会极相似地重复一遍。

这是中国关于交食周期的首次记载。太阳连续两次通过黄白交点的时间间隔叫作交点年。古人认识到，既然交食必须满足朔望和在交点附近两个条件，那么交食周期一定和朔望月、交点年有密切的联系。事实正是如此，从数学上分析，交食周期应该是朔望月和交点年的最小公倍数。但由于朔望月和交点年都不是整数值，不容易得到准确的交食周期。所以中国古代仅有一个近似的计算方法。南宋《统天历》计算出交食周期为223个朔望月，与19个交点年相差0.46日，相当于古巴比伦人的沙罗周期。唐代的《五纪历》计算出交食周期为358个朔望月，与30.5个交点年相差仅0.04日，而西方到了19世纪才达到这样的精度。

第十三章 行星运动及位置计算

在夜空中，有五颗亮于一等星的天体，外观与恒星相似，却明显地在恒星背景中移动，极为引人注目。古人称它们为行星，即会走的星。

在春秋战国以前，木星叫作岁星，火星叫作荧惑，土星叫作镇星，金星叫作太白，水星叫作辰星。关于这些名称的来历，现在已有所了解。木星回到恒星间同一位置所需的时间是 11.86 年。古人把天赤道分成 12 等份与 12 个月相对应，叫 12 次或 12 辰，使太阳一个月走一个辰次。由于木星的恒星周期接近 12 年，差不多一年走一个辰次，所以早先曾用木星来纪年，因而叫岁星。火星的颜色偏红，其公转轨道偏心率又较大，以致它在近日点和远日点时的亮度差别特别显著，故名荧惑。土星的公转周期为 29.46 年，但古人以为，土星只需 28 年就可转一圈，数字上与二十八宿吻合，即一年坐镇一宿，所以土星叫镇星。太，即大，金星是五大行星中最亮的一颗，颜色纯白，“太白”正是金星的外貌特征。水星离太阳最近，看上去，它总在太阳左右摆动，摆动的角度最大时为 30 度，接近 12 辰中一辰所占的度数，故水星叫辰星。春秋战国以后，盛行阴阳五行学说，阴阳之名赋予月亮和太阳，五行赋予行星，这就是行星今名的来历。

一、行星视运动

行星的视运动非常复杂，除了快慢变化以外，还有其他奇怪的“举动”。有时藏在太阳后面，称上合；有时重叠在太阳前面，称下合；有时停止不前，叫作留，甚至向相反方向移动，称逆行。行星按其视运动可分为两种：地内行星即金星、水星和地外行星即火星、木星、土星。地内行星和地外行星虽然都有留、逆行等现象，但由于成因不同，又分别有各自的视运动特点，早在汉代就已察觉出它们的区别。

逆行现象产生的原因，以地外行星为例（见图 13-1），当地球从 E_1 走到 E_2 时，由于地外行星运行速度慢于地球，则从 P_1 到 P_2 只走了较少的路程。这时从地球角度看过去，行星在星空背景中好像从 P'_1 逆行到 P'_2。

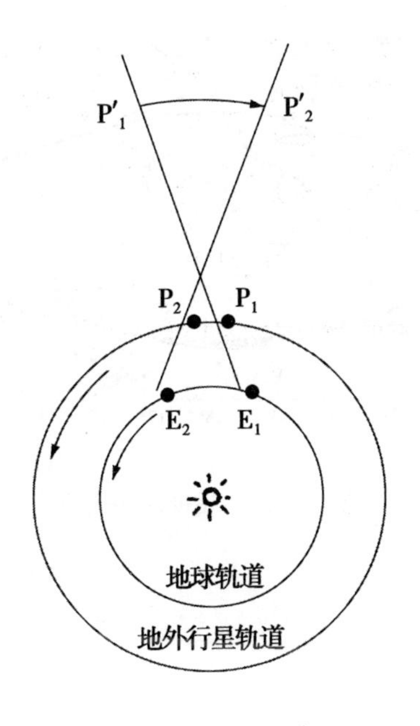

图 13-1　地外行星逆行现象产生的原图

又因为行星公转轨道面与地球公转轨道面有一个夹角，逆行轨迹和顺行轨迹并不重合，加上行星和地球离轨道交点的距离总在变化，使行星视运动呈现出多种形态，图 13-2 显示了水星在天球上的视运动轨迹。古人很注意行星轨迹的几何形态，许多古籍中对它都有形象的描述，如用柳叶形、巳字形来形容逆行轨迹。

定性描述只是认识的初级阶段，秦汉之际，人们便开始对行星视运动作定量的研究。

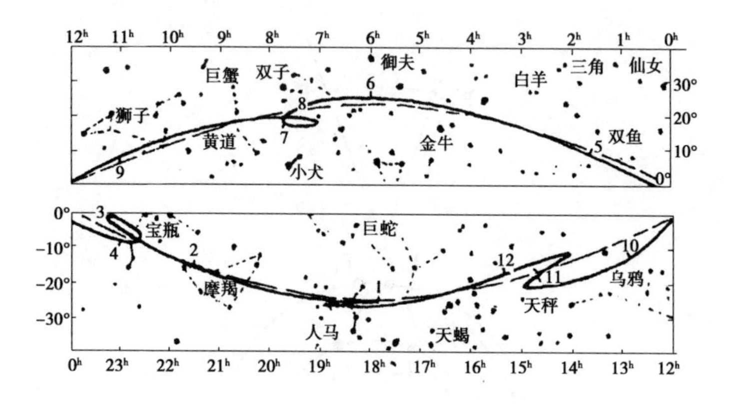

图 13-2　水星视运动轨迹

二、会合周期

行星的各种视现象隔一段时间就会重复一次，名曰一复或一见，即现代天文学中的会合周期。古人早就注意到，这个规律与行星和太阳两者之间的相对位置有关。在唐代《大衍历》以前，会合周期曾定义为从晨始见到下次晨始见的时间间隔，而“晨始见”的概念很不准确。它的字面含义是第一次在早晨看到，指的是位于太阳西边的行星，在肉眼可以分辨的前提下，初次见到时离太阳的最短距离。“晨始见”当然会因人而异，是不可靠的判断。所以从《大衍历》开始，会合周期的定义改为：连续两次与太阳相合的时间隔。与现代定义完全相同。

从下表可以看出，在春秋战国时，人们已经掌握了金星、木星和水星的会合周期，水星离太阳太近，不易观测，所以水星数据误差偏大。在长沙马王堆出土的西汉帛书《五星占》中，比较准确地记载了金星、木星和土星的周期值，其中金星的误差在半日之内。南北朝祖冲之的《大明历》，五大行星会合周期的误差全部小于 0.002 2 日。相隔不到 100 年，隋代的《大业历》就显示出更高的观测实力，除了火星的误差为万分之一日外，其余行星都在万分之二日以下，即小于 2′ 53″。大业历以后，历代的行星会合周期值一直保持这样的高水平。

表 13-1　行星会合周期对照表

		木星	火星	土星	金星	水星
《甘石星经》	春秋	400 日			587 日	126 日
《五星占》	西汉	395.44 日		377 日	584.4 日	
《大明历》	南北朝	398.903 日	780.031 日	378.070 日	583.931 日	115.880 日
《大业历》	隋	398.882 日	779.926 日	378.090 日	583.922 日	115.879 日
理论值	现代	398.884 日	779.936 日	378.092 日	583.921 日	115.877 日

三、行星位置计算

行星在星空背景中的位置，早期一般以每日平均运行度数推算得出。行星公转轨道近乎圆形，因此平均位置接近真实位置，作近似计算影响不大。比较行星在恒星背景中的位置，中国天文学家更关心的是行星与太阳的距离。在以往的观测中，已经知道行星用多少时间走到合、留等特殊位置，但从合到留及顺行、逆行等阶段，行星的会合速度有快慢变化，如果要计算任意时刻行星离太阳的距离，必须在平均值的基础上加减修正值。在北齐张子信发现了太阳运动的不均匀性后，这项修正值还要包括太阳运动的变化数据。修正之后，行星真黄经与太阳真黄经之差，即为所求。

古代天文学家所做的上述修正，思路上是正确的，只是行星会合运动中的快慢变化，部分原因是地球和行星的相对位置变化引起的，不能完全体现行星运动的真实情况，所以由视运动快慢变化求得的近日点和远日点，都离真实位置较远。修正值表是根据近日点编排的，这样便影响了修正值，使实际计算出的行星位置误差较大。

第十四章 天文机构的官办性质

一、天文台

传说夏朝的天文台叫清台，商朝叫神台，到了周朝则称作灵台。《诗·大雅》中有一首诗歌叫《灵台》，叙述了周文王曾在丰邑的西郊建筑了一座灵台，台高两丈，周长四百二十步。周以前的天文台主要是为了祭祀日月设立的，所以天文台只是一个高于其他建筑物的平台，台址一般选择在平坦的开阔地带。

中国古代的帝王多自诩“受命于天”，认为天象变化与自己的统治地位息息相关。他们当然希望天上的“信息”只传递给他们自己，所以他们总是牢牢地掌握着天文观测机构，只许在皇城建立天文台。但有时，当中央权力失去控制力时，各诸侯国就会不顾禁令，纷纷设台。春秋时的鲁国就建立了自己的天文台，叫观台。

后来，由于天文观测项目的增加和祭祀活动的频繁，活动场地就需要分开，祭祀活动改到叫明堂的建筑物去举行，天文台则专司观测天文和气象。

史书记载，西汉时，都城长安的郊区建有天文台，开始也叫清台，后改为灵台。台上安置了浑仪、铜表和相风铜乌等天文气象仪器。东汉时，汉光武帝于中元元年（公元 56 年），在洛阳城平昌门附近建造了明堂和灵台各一座。灵台东西两面有墙垣，墙内中心有一座方形高台，是观测天象的场所。高台四周有 10 多间屋舍，是观测人员住宿、办公之地。天文学家张衡从元初二年（公元 115 年）到阳嘉二年（公元 133 年）期间，曾两次被委以太史令之职，直接管辖灵台的观测工作。东汉灵台在三国、西晋时期还在使用，直到北魏才被废弃。1974 年在河南省偃师县发掘出该灵台遗址。遗存的台基由泥土夯成，高约八米，占地达 4.4 万平方米。

唐代长安城郊最主要的天文台是仰观台，又叫司天台，直接归太史监管辖，天文学家李淳风就是在这里进行观测的。唐代中期，在集贤院里专为天文学家一行建了一座仰观台。另外，在陕西省咸阳附近还有一座清台，专供天文学家薛颐占卜吉凶之用。隋唐时代流行一种风气，皇帝不但在都城郊区建立天文台，而且在皇宫内院也设立宫内天文台。

北宋时，国力强大，科技发达，仅汴京（今河南开封）一地就设立了四座天文台，其中司天监的岳台和禁城内翰林天文院的候台是主要的观测台。两台的仪器一模一样，用于对比检查测量结果。当有异常天象出现时，两台必须互相核对，并同时上报，以防误报或作假。四座天文台都备有大型浑仪，各用铜两万斤铸成。除此之外，宋政府还立了一个校验所，校验浑仪和漏刻的准确性。朝廷被迫南迁以后，在临安（今杭州）先后又建了两座天文台，一座为太史局司天台，一座为秘书省测验所。关于宋代天文台的建筑布局，我们只能从南宋数学书里的一幅插图了解其大致情况（见图 14-1）。

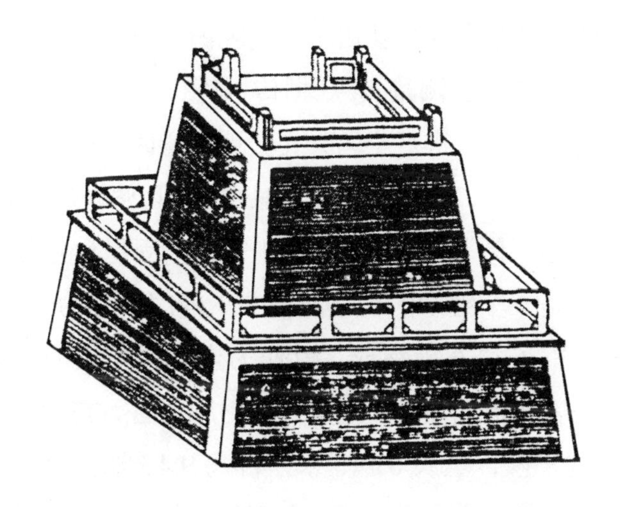

图 14-1　宋代天文台

金朝在燕京（今北京）建都，设立天文台。由于金人来自文化落后地区，没有精良的观测仪器，于是把北宋的仪器图书全部北迁。但其中的浑仪是按开封的地理纬度设计的，不能用于北京。

元人进驻大都（今北京）以前，曾在上都（故址在今内蒙古正蓝旗东闪电河北岸）建立过一座回回天文台，由西域人扎马鲁丁主持。回回天文台使用阿拉伯天文仪器测量，并编制阿拉伯天文体系的各种数表，成为阿拉伯天文学在东亚的研究中心。从史书对阿拉伯天文仪器的描述，推断回回天文台的规模不会太小。

在河南登封告成镇，有一座奇怪的建筑物，房不像房，塔不像塔，高耸的建筑物下面向北延伸一条很长的“路”，这就是建于元初的登封观星台。据说观星台的原址早在周代就用于天文观测。当地人直到现在还称它“周公测景台”。据传，唐代开元年间，一行和南宫说等人进行全国天文大地测量时，曾在这里立起一块石表，上刻“周公测景台”，似乎确有其事。“景”，通“影”，测景台即是测影台。观星台建筑物本身就是一个绝妙的表：高台中央的门就作为表端，“路”由 36 块石板铺成，就作为圭，这样大的圭和表，是郭守敬的杰作。现存的登封观星台，在明代曾进行过整修，圭长 31.19 米，台高 9.46 米，台上附设两室，但室内空空，没有留下任何仪器。登封观星台不仅是中国现存最早的天文台，而且也是世界上最古老的天文台之一。元代像登封观星台这样的官方天文点，共有 27 个，分布于全国从北纬 15° 到北纬 63° 的广大地区。

作为元代官方主要天文台的司天台，建在大都城的东南方向，完成时间是至元十六年（公元 1279 年），300 多年以后毁于战争。通过元代《太史院铭》中的叙述，可了解司天台的基本布局，并复原成图（见图 14-2）。司天台台高七丈，外有围墙，围墙长 200 步，宽 150 步。整个建筑分三层：下层是办公用房，太史令等官员在南房，推算局在东厢房，测验局和漏刻局在西厢房，辅助人员在北房；中层有八个房间，用于存放图

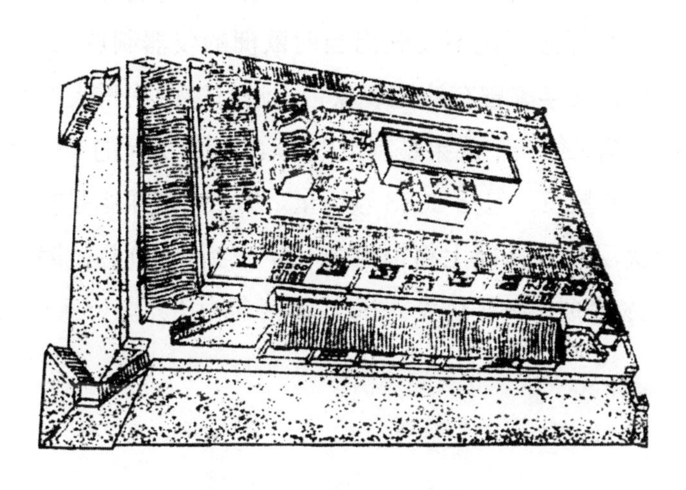

图 14-2　元代天文台复原图

书、仪器等；上层是露天平台，置有简仪、仰仪、圭表和玲珑仪等仪器，印历工作局也设在上层。司天台是当时世界上最先进的天文台之一，可以和中亚的马拉加天文台相媲美。

明代洪武十八年（公元1385年），在南京鸡鸣山上建造了观星台，台上的仪器是元代的，为了使仪器适于在南京观测，对仪器做了改造。与此同时，在南京雨花台上还建造了回回观星台，所用仪器都是原上都天文台的阿拉伯仪器。

北京古观象台，是明清两代的官方天文台，至今已有580年的历史，它坐落在北京建国门立交桥旁，至今保存完好。观象台上安置的仪器，大多是耶稣会传教士设计的，除在造型上稍有些中国特色外，结构和工艺等方面无不反映出当时欧洲的仪器制造水平。清代天文学家曾在这座观象台上进行过两次重大的系统观测：第一个成果是制定以1744年为历元的《仪象考成》星表，包括3083颗恒星；第二个成果则是在第一次观测的基础上将恒星数目扩充到3240颗，编入《仪象考成续编》星表，并改1844年为历元。

二、人员配备

各个朝代都有专事观测的人。据《史记·天官书》记载：在上古，高辛氏以前有天文官重和黎；唐、虞时期有羲氏与和氏；夏朝有昆吾；商朝有巫咸；周代王室有史佚和苌弘，各诸侯国也都有自己的天文官，宋国有子韦，郑国有裨灶，齐国有甘德，楚国有唐眛，赵国有尹皋，魏国有石申。他们往往兼有神职，是帝王的特殊顾问。

东汉时期，最高级别的天文官员称作太史令，管辖天文台和明堂两个部门。具体主持天文台工作的是灵台丞，灵台丞手下有 42 个助手，其中 14 人观测恒星，2 人观测太阳，3 人测风向，12 人测晴雨，3 人测时间，7 人校验钟声，还有一人叫作“舍人”，管一些杂事。总之，分工十分细致。元代以前天文机构的人员配备大体如此。

元代的天文机构叫太史院。太史院下设推算局、测验局和漏刻局，共 70 人。

明初的天文机构下设两个分机构：司天监和回回司天监，后来司天监改称钦天监，内设天文、漏刻、大统历和回回历四科，回回历科除编制回回历法以外，更重要的是把观测推算结果提供给《大统历》作参考。回回司天监也改称回回钦天监，直到明惠帝以后两监合并为止。明成祖以后，南京作为故都，人员和仪器配备与北京完全相同。

中国古代的天文机构具有皇家性质，太史令等天文官员，常常由皇帝亲自任命。由于编制历法和为皇帝占星是天文机构的两项主要任务，所以天文学家和占星家有时就是一回事。也正因为如此，天文官享有很多特权，比如清代的法律特别规定，钦天监官员犯罪要从轻判处。

为了维护帝王的绝对统治，朝廷对天文台的观测记录严格保密，禁止流传到民间，天文官员不允许与平民百姓随便接触。同时，民间也不许私自研习天文，这就阻碍了天文学的普及与提高。不过，从另一方面来说，中国古代的天文研究一直得到官方的扶持，研究经费、仪器设备和工作条件都有充分的保证，这种优越的条件是其他古国所不具备的。所以，尽管改朝换代，但观测和记录一直持续了2000多年，没有间断。

三、编印历书

历书就是日历。在古代，历书的内容包括各节气将发生在哪天，每月的月大月小和各日干支名称，以及何时加闰月等等。历法是编排历书的依据。

编历书和印历书是天文台的重要工作。而唐代以前，历书要靠文书抄写。由于日历需求量大，所以后来改用雕版印刷，节省了大量的人力和时间。

明初朝廷不但禁止私人编制历法，而且也禁止私人刊刻翻印日历，所有的日历均由朝廷印刷，这就是“皇历”称呼的来历。现存明代皇历上就刊有“伪造者依斩”等字样。明代中期以后，朝廷放宽了政策，民间可以印历，但必须按官方历书印制，盖上官府大印并由官府统一发放。

四、观测记录

历代有关天象、历法、占星等方面的书籍非常多，但属于官方天文台编制的历法和观测数据，基本上被保存在官修二十五史中。

在《史记》中专门设立了独立的篇幅记载历法内容，叫作“历书”。从《汉书》《后汉书》《魏书》《晋书》《隋书》《宋史》等，这期间除了将音律内容与历法内容收并一册，故叫作《律历志》。

载于《新唐书·历志》的《大衍历》，把历法内容分为七个部分，即步中朔术、发敛术、步日躔（chán）术、步月离术、步晷漏术、步交会术和步五星术。“日行曰躔”，“月行曰离”（《新唐书·历志》），日躔月离就是指日月的运行。后代正史都效仿《大衍历》的编写结构。

关于天文、占星部分，正史也都单辟一卷，以示重视。这部分在《史记》中叫《天官书》，在《魏书》中叫《天象志》，在《新五代史》中叫《司天考》，其余正史中则称为《天文志》。

在《史记·天官书》中，首先介绍五宫中各星官的名称和位置，接着描述行星的会合现象并占其吉凶，然后是分野和占卜奇异天象，最后比较详细地叙述了西汉以前的天文发展史。《史记·天官书》的基本格局一直沿用到明清时期。

第十五章 朴素的宇宙学说

每个古老民族都有自己对宇宙的看法。中国古代的宇宙学说，在汉代以前就已形成。东汉的蔡邕写道，论天的学说分为三派：一为周髀派，二为宣夜派，三为浑天派。宣夜说没有师承关系，又不具备数学体系。周髀说虽然对天文理论和计算方法都有论述，但用它的预言来对照真实天象，常常不相符合，所以不被官方天文学家采纳，只有浑天说接近实际情况。周髀说即是盖天说，因《周髀算经》是盖天说的主要著作而得名。

一、盖天说

盖天说是中国最古老的宇宙学说。成书于汉代的《周髀算经》，记载了盖天说发展过程中的两个阶段。

旧盖天说认为：天是圆的，像一顶华盖。地是方的，像一块棋盘。天是倾斜的，它的中心位置在人的北面。天以这个中心为轴向左旋转，太阳和月亮像锅盖上的蚂蚁，虽然它们在不停地向右行，但同时仍不得不随天向左行。空间充满了阴气和阳气，而阴气混浊，人的目光无法穿透，所以太阳早晨进入阳气中，晚上退入阴气中。而且夏天的阳气比冬天的多，所以夏天的白昼比冬天的长。

随着古人活动范围的不断扩大，地“方”的说法难以让人相信，并且天圆和地方，两者也不可能弥合。这些当然是旧盖天说最站不住脚的地方。

新的盖天说认为：天和地都是圆的，中间高而四周低，地像一个反扣的盘子，天像一顶斗笠。笠顶就代表北极，天以北极为中心旋转。太阳在随天旋转的同时，还要变换轨道，一年中向南变换六次，再向北变换六次，所以太阳共有七条轨道。如图 15-1 所示，太阳在夏至日时，沿内衡圈运动。在冬至日时，沿外衡圈运动。与二十四节气的对应关系上，凡中气都在第一衡到第七衡的衡上运动，其他节气时太阳在衡与衡之间运动。

盖天说根据圭表测影结果，利用勾股定理推算出：天与地处处相距八万里。夏至日时，没有表影处离地理北极 11.9 万里。冬至日时，没有表影处离地理北极

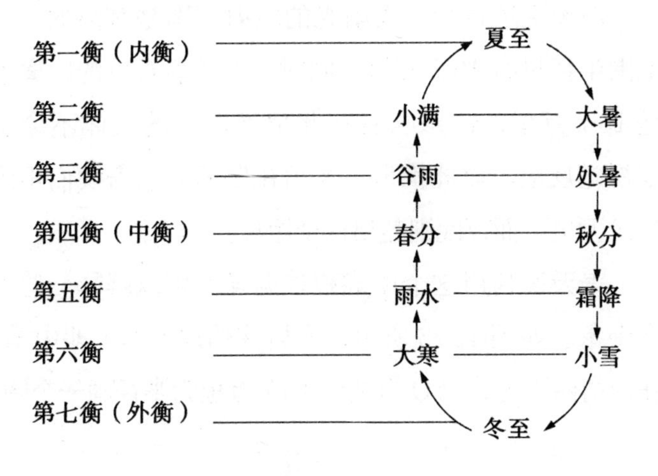

图 15-1　七衡六间与二十四节气

23.8 万里。中国则离地理北极有 10.3 万里。图 15-2 是盖天结构的剖示图，便于读者理解。

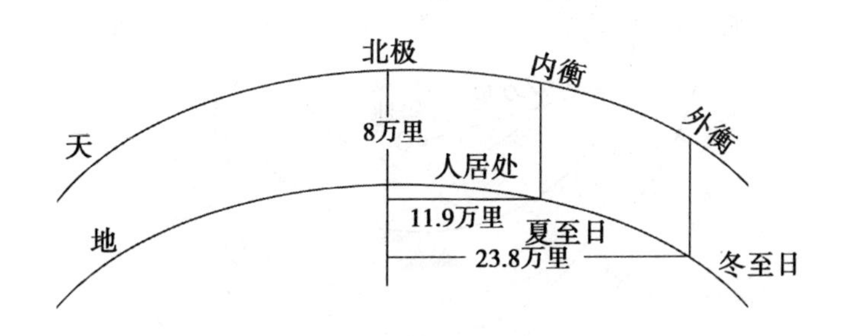

图 15-2　盖天说的天地关系

盖天说还认为，太阳光的照射范围是有限的，其范围半径只有 16.7 万里。同时，人所能看见的距离也是 16.7 万里，这意味着在此范围以外的天体不会引起视觉反应。以此推理，太阳在白天应该离我们不到 16.7 万里，而夜晚则超出这个距离。

盖天说利用这个模式和数据确实可以解释一些天文现象。如图 15-3 所示，人居住的地方 O（即中国）在内衡圈以内，以 O 为圆心 16.7 万里为半径画一个圆，

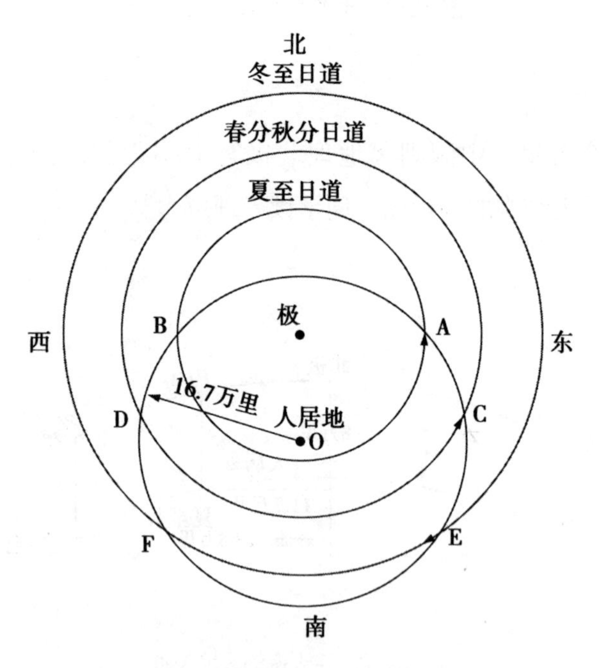

图 15-3 盖天说对某些天文现象的解释

交内衡、中衡、外衡于A、B、C、D、E、F点。夏至日，太阳沿内衡走一圈，当太阳走到A点时，就能为人所见，相当于日出，A对于O就是日出方向，太阳从A运行到B的过程就是白天。太阳过了B点就不为人所见，相当于日没，B对于O就是日落方向，太阳从B走回A的过程就是黑夜。盖天说比较成功地说明了太阳为什么夏至日从东北方出现而在西北方消失的道理。又由于A到B的路程大于B到A的路程，故夏至日白天最长，气温最高。这一解释同样可用于冬至日。

但是，盖天说也存在许多无法解释的问题。比如，在春分和秋分时，太阳应该出于正东方（即C点），没于正西方（即D点），这一点从图上看大致不错。可是白天黑夜应该平分一天，而图上的C到D的路程差不多只有D到C路程的1/3，再有，按盖天说的规定，冬至日道（即外衡）为23.8万里，正好是夏至日道（即内衡）11.9万里的两倍，那么太阳在冬至日要比在夏至日多走一倍的路程，也就是说，大阳在冬至日的运动速度要比在夏至日时快一倍，明显地与天象不符。盖天说其实经不起仔细推敲。

二、浑天说

在解释天文现象上，浑天说似乎更高一筹，得到很多的拥护者。

张衡在《浑仪注》里阐述了浑天说的主要思想：天是一个球壳，天包着地，像蛋壳包着蛋黄。天外是气体，天内有水，地漂在水上。全天为 $365\frac{1}{4}$度，其一半盖在地上，一半环于地下，所以二十八宿恒星只能看到其中的一半。南极和北极整整相差半个圆周。天的旋转正像滚动的车轮，没有停止的迹象。

分析浑天家制造的浑仪和浑象，有助于读者了解浑天说在解释天象方面的能力。如图 15-4，与极轴垂直的圆有五个。靠近北极的圆叫恒显圈，凡在圈内的恒星，全年总在地面以上。靠近南极的圆叫恒隐圈，圈内的恒星总在地面以下，全年都看不到。位于中间的圆代表天赤道。太阳在春分和秋分时，沿天赤道运动，出于正东方的 E 点，没于正西方的 F 点，而且白天和黑夜所走的距离相等。天赤道以北，是太阳在夏至日所走的轨道，早晨出于东北方的 A 点，傍晚没于

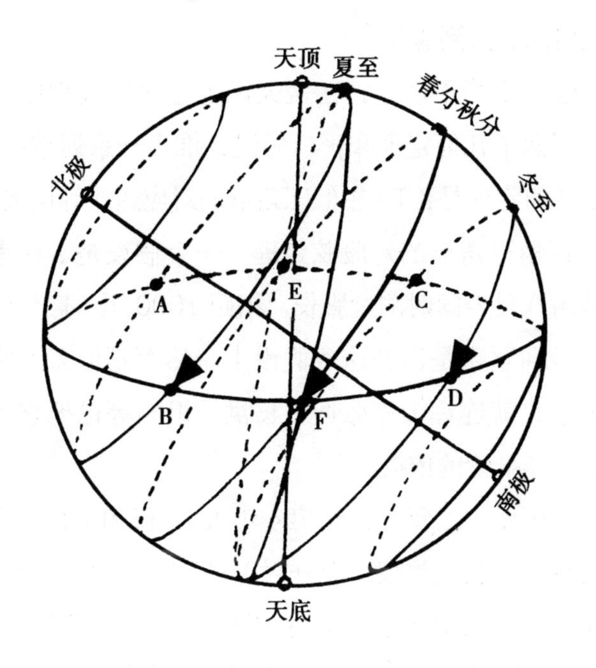

图 15-4　浑天说解释图

西北方的 B 点，白天所行路程明显多于夜晚。不仅如此，浑仪还可以定量地表示出与真实天象完全相符的数据。

盖天说能够演示的天象，浑天说同样能够演示。盖天说不能演示的天象，浑天说也可以。看来，浑天说在表现天体视运动方面是无懈可击的。然而，古人很难接受地是漂浮不稳的和日、月、星辰夜晚会浸泡在水里的假设，以致浑天说和盖天说之争相持了很长一段时间，直到唐朝。

这里不能不谈到，在盖天说定量化的过程中，曾运用了两个几何定理和一项假说，推出一系列结论的。两个几何定理是:(1)相似三角形的对应边成等比关系。(2)直角三角形的勾股弦定理。一个假设是：在南北两地用八尺表同时测量影长，相距1000里，影长应差一寸。问题正是出在这条假设上。然而不但盖天家们相信它，就连浑天家张衡、葛洪、祖暅等也把它当成公理，作推论的依据。

唐开元十二年（公元724年），一行和南宫说等人在河南的滑县、浚仪（今开封）、扶沟和上蔡等地同时测量影长，发现滑县距离上蔡526.9里，而影长却差2.1寸，完全否定了“日影千里差一寸”的假设。

这次著名的论证以后，浑天说便为绝大部分的人所信服，成为中国古代正统的宇宙学说。

三、宣夜说

在盖天说和浑天说中，天都是一个壳层结构，日月星辰都附着在天壳上。

而宣夜说认为：地面之上不存在固体的天壳，天之所以呈现出蓝色，那是因为离我们太遥远的缘故。地球以外到处都是气体，日、月、行星、恒星，甚至银河都是会发光的气体，它们在气体的推动下，自由来往，互不干涉。

虽然宣夜说对宇宙的物质结构有接近于真实的理解，但它一直没有发展起配套的计算模式，而更多地注重思辨性的猜测，导致最后被发展成一种玄学。因此，宣夜说还不能称作完整的宇宙理论。

四、天地形成与宇宙轮回

中国古代对于天地形成的原因有多种猜想，最早的可见于《淮南子·天文训》。其上曰：在天地还没有形成的时候，一片混沌空廓，所以叫作太始。在那空廓中，道就开始形成。有了道，空廓才生成宇宙，宇宙又生出元气。清轻的元气互相摩擦，向上而成为天。浊重的元气逐渐凝固，向下而成为地。阳气积聚久了就生成火，火的精气变成太阳。阴气积聚久了生成水，水的精气变成月亮。太阳和月亮过剩的精气变为星辰。这种猜想先是伴随着盖天说流行，后来为浑天家张衡所用，只将盖天家天在上地在下的说法改为“天成于外地定于内”。

南宋朱熹发挥了这一猜想。他认为，天地初开时，只有阴阳二气。二气交错运行，互相摩擦，淀出许多渣滓，固结在中央，形成地。气中清轻的部分上升，形成天、日月和星辰。这些天体在地之外环绕运转，而地在中央静止。这虽然不乏接近真实的成分，但只是朱熹靠纯粹思辨悟出，与西方康德的天体演化理论有着本质的不同。

由于目力观测，古人对宇宙的了解只限于太阳系以内，但这并不妨碍他们的思想超越这个范围。南宋邓牧在《伯牙琴・超然观记》中说：“天地大也，其在虚空中不过一粟耳。……谓天地之外无复天地焉，岂通论耶！”由此可见，邓牧已从哲学的角度推论出太阳系以外还有空间，还有类似太阳系的天体群。

天体一经形成是否不再变化？自印度传入中国的佛教，把宇宙分为创始、稳定、毁坏和消亡四个阶段，认为宇宙消亡以后还会重新创生。佛教的这种宇宙轮回思想，在中国具有广泛的影响。北宋的邵雍甚至“计算”出宇宙以12.96万年轮回一次。朱熹还以山石中有蚌壳化石来作为天地毁而再造的证据。现代天文观测已证实，各种天体都会经历爆炸、毁灭、再生的过程，但山上的蚌壳化石却是地壳再造运动所致。

第十六章 各具特色的少数民族历法

中国是一个由56个民族组成的民族大家庭，其中有许多民族都有着悠久的历史，与汉族同样古老，他们与汉族之间及各少数民族之间有着千丝万缕的联系。又由于一些少数民族分布于边境附近，与毗邻国家交往频繁，所以这些少数民族文化不可避免地带有多种文化的色彩，天文历法也不例外。

一、藏　历

西藏在11世纪从印度引进了时轮历。200年以后，陆陆续续有许多介绍时轮历的书籍问世。与此同时，藏族还吸收了汉族以寅月为正月的纪月法、二十四节气及日月食推算法等。总的来说，藏历体系融合了印

度历和汉历两种历法的特点（如图16-1）

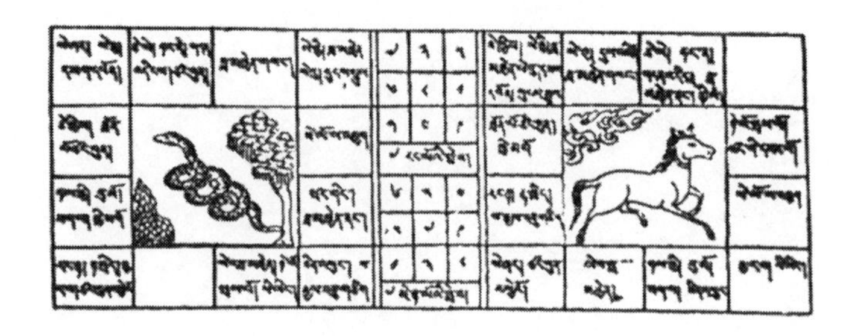

图 16-1　西藏历书之一页

藏历以时轮历引进的那一年即公元1027年为历元，以五行取代天干、十二生肖取代地支，循环纪年，比如公元2022年相当于藏历996阳水虎年。藏历是一种阴阳历，平均年长接近回归年，平均月长接近朔望月。

藏历有独特的缺日和重日概念。所谓“缺日”就是昨天的日期直接跳到明天的日期。所谓“重日”就是连续两天用同一个日期。藏历每月的1日、15日和30日不能缺，并且1日和15日必须逢朔和望，所以藏历缺日、重日的安排主要依据实际测定的朔望。同时表明，虽然藏历每月都有第30日，但并非每月都有30天。总之，尽量让月平均日数接近朔望月。

1916年，西藏设立了专门编算历书的部门，叫作历算局。每10年推算一次，历时一个半月。每年由地方政府印制发放历书，有两种刊刻版，一种供官员使用，一种供一般藏族民众使用。

二、回　历

回历，就是阿拉伯地区使用的历法。现在中国凡信仰伊斯兰教的民族都使用回历。

伊斯兰历法包括太阳历和太阴历两种，在中国颁行的回历是太阴历。在元、明时期，回历是中国唯一的由朝廷颁布的少数民族历法，由于它与太阳运动周期无关，所以主要用于宗教活动和纪年。由于回族人民长期与汉族杂居，他们在日常生活中仍然使用农历和公历。

回历的历元设在公元 622 年 7 月 16 日星期五。一年 12 个月，单月 30 天，双月 29 天，平年为 354 天。回历不设闰月而设闰日，逢闰之年，闰日一律安排在 12 月末尾。平年和闰年如何判断？将回历纪年除以 30，余数为 2、5、7、10、13、16、18、21、24、26、29 的就是闰年。

回历以新月初见之日作为初一，而不是朔，故望日也不在十五。虽然在回回历法中有严密的月亮位置推算公式，但其日历却平均分配大小月，并没有按照真实朔望定月首。

回历采用星期制度纪日，与印度历法相同，它们均传自古巴比伦和古希腊，只是回历以星期五金曜日为礼拜日。

三、傣 历

2000多年以前，傣族就与中原地区的汉族发生交往，受到汉族文化的影响。同时，傣族又受到印度传来的小乘佛教的影响，吸收了印度历法的某些内容，使傣族历法形成一种独特的风格。

傣历纪元定于公元638年3月22日。平年12个月，单月30日，双月29日，共354日。八月是双月，应为29日，但隔几年就会加一日，成为大月。傣历规定朔望月为29.530 583日，八月变大月的做法实质上是以闰日来调整月长，使其接近朔望月。傣历不但有闰日，也有闰月。闰月固定为30日，故闰年有384天或385天。置闰周期采用19年七闰法，闰月规定设在九月后，叫“闰九月”。因此，傣历是一种阴阳历。

傣族习惯上把每个月分成上下两部分，上半月15

天，下半月14或15天。上半月从第一天开始，称为月出一日，月出二日，直到月出14日，上半月的最后一天为月出15日。下半月从第一天开始，称为月下一日，月下二日，直到月下14日，月末那天叫作月黑之日。由于傣历重望不重朔，又使用平朔，使傣历初一与汉历初一往往并不重合。

傣历在划分天区上，二十七宿和十二宫并用。计算日月行星位置时，以黄道坐标系表示，黄道一周为360°，1°等于60′。傣历中行星的恒星周期很精确，其中金星、水星的数值与现代理论值一致。

过去，天文历法知识只能由傣族中的佛教徒掌握，编印历书是佛寺的特权。

四、彝　历

现在的彝历平年有12个月，闰年有13个月，属于阴阳历，置闰法也与汉历没有区别，但它以十二生肖纪年、纪月、纪日、纪时。

专家学者进行了多次的实地调查，发现在彝族地区曾经普遍使用过一年分为10个阳历月的纯太阳历，并获得了几部用彝文写成的专著，其中出于滇南弥勒的《天文历法史》誊抄于1895年，记叙了远古的彝族首领创立《十月历》的经过。研究表明，彝族《十月历》非常古老，现已证实它与《夏小正》同出一源。彝族自古以来一直使用《十月历》，直到明清改土归流以后才改用农历，但某些偏僻地区甚至到1949年仍在使用这种历法。

古彝历一年10个月，每月36天，共360天。以十二生肖循环纪日，即每月有三个生肖周，每年有36个生肖周。余下的五天或六天单独作为过年日。古彝历一年有两个新年，大年称为星回节，大致在汉历的十二月份；小年叫火把节，大致在汉历的六月份，大年与小年固定相差185天，整整半年。无大小月之分，整齐划一，是古彝历的重要特征。

在彝族古籍中，还记载了一年中日月行星的出没方位和日月食规律。彝族对星空的划分基本上按照二十八宿体系，已经命名过的星有148颗。在彝语支的纳西族地区还流行着奇特的二十八宿二十七宿轮流纪日的制度，即28天为大月，27天为小月，循环交替。彝族地区稍有不同，以两个27天按一个28天作循环周期，平均月长27.33日，从天文学的角度看，这个月长相当于一个恒星月。恒星月纪日制度虽然在其他民族中不曾听说过，但在彝族和纳西族中的影响非常大。这种纪日制度一般仅用于宗教祭祀或占卜吉凶。至于恒星月纪日的起源和流传情况，还有待于进一步研究。

五、苗　历

传说苗族古历原称“子历”，后改称“猫历”。实地调查发现，在200多年前，湖南西部的苗族居住区不用汉历而用自己的猫历。

古苗历以冬至为岁首，平年含12个月，其中头两个月有专门的名称，分别叫作动月和偏月。第三个月开始，从一到十排序，比如第三个月叫一月，第四个月叫二月，……第十二个月叫十月。每个月有确定的日数：动月和偏月各28天，其余10个月均为30天。古苗历每三年设置一个闰月，用置闰的办法来调整与季节的关系。这样平年日数为356天，闰年日数384天，平均年长为365.3天，所以苗历基本上属于阴阳历。

苗族还另有一套以月亮朔望为周期的简易纪日方法，主要用于年轻人的社交活动。

六、其他少数民族历法

除了上述民族有自己成系统的历法外，其他少数民族，不是完全使用汉历，就是还处于物候历阶段。虽然有些文献记载了这些民族本身的天文历法知识，但也是不完整的，难以窥见其全貌。

比如，拉祜族把一年分为12个月，每月30天，没有闰月。与拉祜族相邻的佤族，一年也是12个月，一月也是30天，但有闰月，叫“怪月”，至于什么时间置闰由物候决定。

僾尼人靠直接观测新月的出现来调整月的大小。独龙族虽有年和月的概念，但每月日数不等，年长也不固定，纪日法还是原始的结绳刻木。墨勒人是白族的一支，其历法不但与白族无相似之处，与附近其他民族也不相同。墨勒人在习惯上通称一年有13个月，每月30天，但并不是每年都过足13个月，每月都过完30天，其中包含有虚月和虚日。虚月为闰月，以观察桃花是否开放来决定闰月的有无。墨勒人设初二为虚日，初一以后发现新月为初二，该月实际只有29天。新年定在13月下旬的龙日或蛇日。高山族以连续两次收获为一年，连续两次满月为一月，所以一年中的月数不固定，一月中的日数也不固定。

第十七章

中国和欧洲古代天文学的异同

虽然中国和欧洲的天文学家面对的是同样的天体，同样的运动规律，但是地理位置的不同和文化背景的不同造成他们对天象的理解不同，以致采取的拟合方式也不同。

中国和欧洲古代天文学主要的不同之处可以归结为十个方面：

1. 中国古代多以现实中的政治机构、人和物命名恒星和星官，如箕、牛、天牢、帝和太子等。欧洲则继承了古希腊传统，以神话故事中的人或动物命名，如仙后、半人马和天兔等。

2. 中国古代把可见星空划分为三垣二十八宿，计31个天区，共283星官1464颗星。而欧洲在16世纪以前一直沿用托勒密的48个星座1022颗星。

3. 中国古代习惯于采用赤道坐标系统，而欧洲则通用黄道坐标系统。

4. 中国古代以 365 $\frac{1}{4}$度划分全天，欧洲以 360°划分。

5. 中国古代除对常规天象持续观测外，对异常天象也十分重视，其长达 2000 年的不间断记录，是世界上任何一个国家都无法比拟的。

6. 中国的历法编制和天象观测是并行发展的两个分支。历法部分不仅仅是安排历日，还包括计算日月位置、日月食发生时间和程度及行星位置等，相当于一部天文年历。中国古代制订的历法超过 100 部，而欧洲只改换过几次。

7. 中国历法是阴阳历，其中二十四节气系统是世界上独有的。欧洲历法则是太阳历。

8. 在中国古代的正统观念中，天是单层球结构，而欧洲中世纪以前认为天是多层次多中心的水晶球结构。

9. 中国古代习惯上用代数方法来模拟真实天象，欧洲传统上则用几何方法。

10. 中国古代天文学带有浓厚的官方色彩，天文机构由朝廷直接管辖。天文学家的研究经费、工作条件和仪器设备都能得到充分的保证，有利于发展天文学。但出于同样的原因，朝廷严禁民间私自研习天文，又不利于天文学的普及提高。而欧洲古代的天文学家，不受约束，自由辩论，即使是御用天文学家，也有选择研究方向的自由。但毕竟御用天文学家只是少数，而大部分天文学家常常缺乏经费支持。可以说，中国和欧洲古代行政制度对于天文学发展各有利弊。